动物真疯狂

[日]新宅广二 著
[日]池龟忍 [日]石田公 绘
程雨枫 译

ANIMAL SPORTS CHAMPIONSHIP
动物运动会

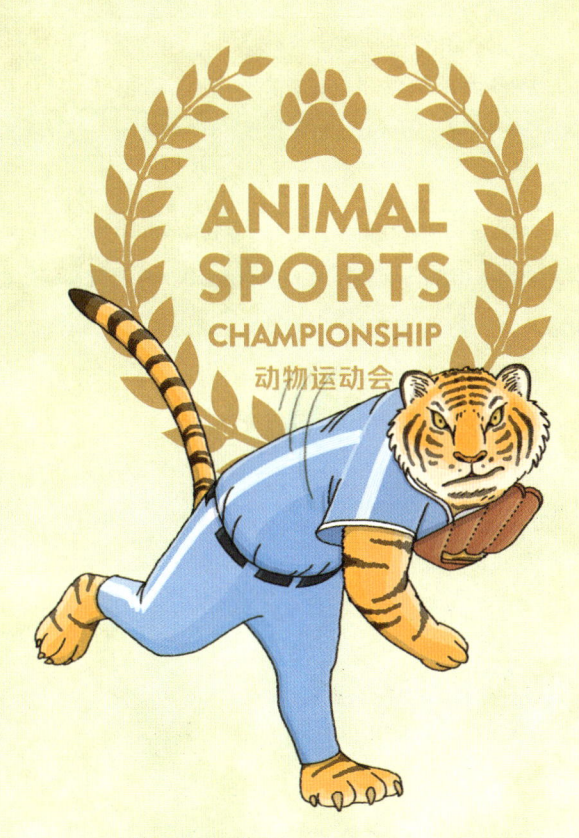

江苏凤凰少年儿童出版社

前言

奥运会、足球世界杯、世界棒球经典赛……运动健儿们在各种体育比赛中展现着平时训练的成果，他们优美而矫健的身姿令我不禁感叹："人类一点也不比动物差啊！"

而另一方面，当我看到动物们惊人的能力、状态和行为时，又觉得只把它们局限在动物的世界里太可惜了。

如果动物像人类一样参加体育比赛，会是什么样呢？本书就是从这个想法开始构思的。

在人类世界里，体育比赛最大的魅力，就在于运动员临场时的心理状态带来的戏剧化效果。比如能否在比赛中发挥出训练时的水平，或者能否超水平发挥，创造出远远超过训练成绩的纪录。这一点在动物世界里也适用。猎豹的最高时速是 120 千米，袋鼠能跳 12 米高，但它们能否在关键时刻把这些能力发挥到极致则是一个未知数。

我把自己想象成选拔参赛选手的评委，根据野生动物的习性、性格和能力，遴选出参加假想运动会的动物，并秉承娱乐精神对各项比赛的结果进行大胆预测。

请你在阅读本书的过程中，时而把自己当成观众，时而当成教练，尽情享受脑洞大开的乐趣吧！相信无论比赛结果如何，动物认真竞赛、勇于挑战的姿态都会为我们带来难以忘怀的精彩与感动。

新宅广二

※为方便阅读，本书中的比赛项目和赛事纪录均以奥林匹克运动会为标准。奥运会纪录更新至2018年平昌冬季奥运会和2021年东京奥运会。

目录

动物体育报…………… 10

本书阅读指南…………… 20

第1章 田径项目

100米赛跑｜猎豹……………………………	22
马拉松｜北极燕鸥………………………………	26
竞走｜黑曼巴蛇…………………………………	28
跨栏跑｜跳羚……………………………………	30
4×100米接力｜非洲野犬………………………	32
跳高｜野猪………………………………………	34
跳远｜大袋鼠……………………………………	38
三级跳远｜五趾跳鼠……………………………	42
铅球｜黑猩猩……………………………………	44
链球｜长颈鹿……………………………………	46

标枪 | 鸡心螺 ·· 48

撑杆跳高 | 大猩猩 ·· 50

铁人三项 | 长鼻猴 ·· 52

动物的运动数据是如何测量出来的？ ····················· 54

第 2 章　水上项目

游泳－自由泳 | 大象 ·· 58

游泳－仰泳 | 海獭 ·· 60

游泳－蛙泳 | 雨蛙 ·· 62

游泳－蝶泳 | 大型蚤 ·· 64

跳水－10 米跳台 | 褐鲣鸟 ··································· 66

花样游泳 | 海狮 ··· 68

水球 | 河狸 ·· 72

动物集训 ·· 74

第3章 室内项目

体操－吊环｜长臂猿……………………… 78

体操－鞍马｜薮犬………………………… 80

艺术体操｜鹈鹕…………………………… 82

蹦床｜狞猫………………………………… 84

击剑｜旗鱼………………………………… 86

摔跤｜圆鼻巨蜥…………………………… 88

拳击｜小袋鼠……………………………… 90

柔道｜美洲黑熊…………………………… 94

空手道｜丹顶鹤…………………………… 96

举重｜双叉犀金龟………………………… 98

攀岩｜狮尾狒……………………………… 100

动物足球世界杯……………………………… 104

第 4 章 球类项目

网球｜矮脚鸡 ································ 112

篮球｜豺 ···································· 114

排球｜犰狳 ·································· 116

乒乓球｜绿雉 ································ 118

羽毛球｜亚洲黑熊 ····························· 120

高尔夫｜乌鸦 ································ 122

橄榄球｜侏獴 ································ 124

动物世界棒球经典赛 ···························· 126

第 5 章　室外项目

射击／射箭｜射水鱼 ················· 134

自行车｜棕熊 ················· 138

赛艇｜臭鼬 ················· 140

皮划艇｜湍鸭 ················· 142

帆船｜蜘蛛 ················· 144

马术｜恒河猴 ················· 146

现代五项｜狼 ················· 148

冲浪｜海豚 ················· 150

滑板｜蜜獾 ················· 152

动物会享受运动的乐趣吗？ ················· 154

第6章　冬季项目

花样滑冰｜日本猕猴 …………………………… 158

速度滑冰｜北极熊 …………………………… 162

短道速滑｜貂熊 …………………………… 164

冰球｜虎鲸 …………………………… 168

冰壶｜海狗 …………………………… 170

越野滑雪｜赤狐 …………………………… 172

跳台滑雪｜鼯猴 …………………………… 174

高山滑雪｜雪兔 …………………………… 178

单板滑雪｜冬石蝇 …………………………… 180

钢架雪车／雪橇／雪车｜帝企鹅 …………………………… 182

冬季两项｜豹海豹 …………………………… 184

动物残奥会 …………………………… 186

动物体育报
Animal Sports News

动物体育报社

开幕 动物运动会

实力碰撞！

全世界的动物齐聚一堂，
在体育比赛中
全力以赴，一决高下！

自古以来，人类就向往野生动物出色的运动能力。为了尽可能接近动物的水平，人类锻炼出强健的体魄，并通过体育比赛的形式一决高下。对此，动物界不甘示弱。于是，动物们的比赛应运而生。本报对此次动物运动会展开了全方位的报道。

**本世纪最大规模！
动物的体育盛会！**

20XX 年 X 月 X 日

圣火传递

大多数动物本能地怕火？

貉将圣火传递给倭黑猩猩。

由喜欢火的动物传递圣火

面向各地市民公开招募的传递圣火的火炬手，最终选定为会用打火机生火的倭黑猩猩（美国）、喜欢山林大火的黑鸢（澳大利亚）、善用高温的耶屁步甲（日本）等动物。

仔细听，嚎叫声到底能传多远？
超级大嗓门的狼代表运动员宣誓！

在开幕式上，狼代表全体动物运动员宣誓："我宣誓：我们将遵循本能，赛出风格，赛出水平！"声音传遍现场的每一个角落，令整个会场沸腾起来。凭借优异的身体素质，狼成为本届运动会上参赛项目最多的运动员。

狼选手

超大音量的狼嚎声令全场沸腾

动物体育报社

新世界纪录

田径界和游泳界的焦点选手猎豹和雨蛙，
期待它们的精彩表现！

猎豹能否突破 100米 3秒大关？

体力不足是一大隐患。

田径100米赛跑是当前舆论热议的话题。蝉联冠军的无敌选手猎豹在本届运动会上必将夺冠，而它能否突破3秒大关、刷新百米赛跑纪录，则成为全世界关注的焦点。比赛当天，观众席上一定会坐满画着猎豹"眼角黑纹"潮流妆容的粉丝，为它加油助威！

蛙泳夺金 大热门！ 雨蛙

游泳比赛的看点则是参加蛙泳比赛的雨蛙选手。

它以沉默寡言、反感媒体出名，但是训练成果和身体状态俱佳。它在上届大赛中的夺冠感言"感觉超赞"后来变成了流行语，不知今年能否再次听到这句名言？

20XX 年 X 月 X 日

热门项目！攀岩

世界王者
狮尾狒

猴界的潮流风向标！

本届运动会增加的新项目引发关注，体验活动场场爆满！

世界攀岩高手齐聚一堂

攀岩是本届运动会新增项目中最热门的一项。参加体验活动的小家伙们排起了长队。

狞猫 冲击 蹦床 三连冠！

重伤之后
奇迹回归
挑战全新自我！

集中注意力完成最精彩一跳！

蹦床是最受瞩目的室内运动项目之一。狞猫将在本届运动会上挑战三连冠，备受观众期待。据说它会在比赛前听音乐剧《猫》中的歌曲，帮助自己集中注意力。

13

独家曝光!

被偷拍后发怒的棕熊。

棕熊选手♂
和北极熊选手♀

夺冠呼声最高的体坛情侣，恋情最新进展引发热议！

真的要 结婚?!

"黑白配"？粉丝震惊！熊太难了

免费看比赛的鸽子在圣火中差点被烤熟

此前，娱乐杂志爆出棕熊（♂）和北极熊（♀）即将结婚的消息，引发民众热议。由于双方在官方回应中并未明确表态，记者连日涌向运动员村，抢新闻的势头愈演愈烈。因担心对比赛造成负面影响，主办方呼吁媒体克制，但记者对这对明星情侣的关注仍旧没有减少的迹象。

没买到票的鸽子们站在圣火台上"免费"观看比赛成为一大问题。主办方已呼吁鸽子注意安全，避免发生被圣火烤熟的事故。

20XX 年 X 月 X 日

千万不要碰！参赛选手遭遇兴奋剂质疑

在好奇心驱使下接触兴奋剂，结果陷入无法自拔、无可挽回的局面！

体育界中的兴奋剂问题越发严重

　　褐卷尾猴和野猪疑似经常食用能产生幻觉的毒蘑菇。河豚和箭毒蛙也服用过有毒药物，为此遭到禁赛一年的处罚。海豚也有服用有毒物质的嫌疑。

野猪："你说蘑菇？吃了以后好像是有点发晕。"

被质疑和朋友河豚玩耍时不当使用少量河豚毒的海豚。

人气爆棚！累计销量100万册的畅销书！

电视、电台好评如潮！销量瞬间突破30万！

《如何与人类成为朋友》
[日] 牧场田犬雄
兽华大学
人类关系学教授

所有动物必读！一本书让你更爱人类！
揭秘动物与人类的"新时代关系学"！风靡全网！

· 这本书让我对人的印象有了180度的大转变。（猫，12岁）
· 说不定有一天我们能和人类相互理解。（野猪，5岁）
· 读完这本书感觉更了解人类了！（仓鼠，2岁）

超人气模特的最强体操！狂销10万册！

《美倒众生！尾巴体操瘦身法》
[美] 梅莉·S·弗丽诺

国际知名尾模亲授美丽秘诀！
每天摇摆5分钟，打造完美身材！

捕猎者和被捕猎者都要看！60万动物都在用！

《快速提高捕猎水平》
[日] 石小野田狩夫

质疑传统捕猎常识！
从今天起，让捕猎水平全方位升级！

喵呜叽出版社　鸭口省猫山市犬川区羊牛镇 2-8-2-8

15

动物体育报社

落地的稳定性有待加强。

鼯猴 能否刷新 跳台滑雪世界纪录?

豪华嘉宾阵容助阵盛典活动，冬运会同期开幕！

冬季动物运动会开幕式圆满落下帷幕，以歌手吼猴领衔的明星嘉宾们倾情演出，赢得阵阵喝彩。

本届运动会亮点纷呈，其中跳台滑雪是最大的看点之一。尤其是上届运动会的王者鼯猴备受关注。来自温暖地区的它这次在寒冷地区参加比赛，很多分析人士质疑其能否发挥出自身实力。

不过，鼯猴曾在国内的大跳台训练中跳出超过 K 点[1]的距离，状态极佳。期待它用超长距离的一跳刷新运动会纪录。

冬季动物运动会 同时开幕！现在不是冬眠的时候！

1. K点：跳台滑雪中打出距离分所用的参照点。

20XX 年 X 月 X 日

挑战规则底线

貂熊能否摘金？

短道速滑

运动员疑似恐吓教练？！受害者协会将起诉！

貂熊的霸道无礼业内闻名。

冰上角逐 火热来袭！

在短道速滑项目中，以流畅自如地滑行著称的貂熊被视为冠军候选人，但它为了获胜不择手段，甚至不惜挑战规则底线。不仅如此，它还被曝出恐吓教练。从各种意义上来说，貂熊都是一名备受关注的选手。

另一方面，俘获全球女粉丝的日本猕猴将参加花样滑冰比赛的角逐。凭借对美的追求、出众的表现力和高难度动作，拿下史上最高分也不是梦。粉丝们高涨的热情仿佛连冰雪也能融化掉！

动物体育报社

四年一度的动物足球盛会
足球世界杯

攻防兼备的非洲队

球迷期待的进攻型球队

四年一度，角逐世界球坛之巅的足球世界杯即将开赛。本届比赛众星云集，球迷早已进入狂热状态！

团队凝聚力强的欧洲队

此次大赛的最大热门是非洲队。它们派出猎豹、非洲野犬等速度型前锋，采取进攻型打法。亚洲队则派出蒙古野马和小鹿展开边线快攻，用超强进攻阵型迎战。

势均力敌的五支球队入围决赛

除此之外，欧洲队在守护神白熊的带领下展开坚固防守，稳扎稳打的中北美队和由身怀独门绝技的传奇球员组成的南美队也不容小觑(qù)。几支球队实力不相上下，哪支队伍都有可能夺冠。

以酷炫球技闻名的南美队

球风稳健的中北美队

18

20XX 年 X 月 X 日

巅峰对决即将开战！

动物世界棒球经典赛

哥斯达黎加队

力争卫冕的美国队 VS
王者归来的日本队

美国队

四强大战即将拉开帷幕！

角逐棒球界世界第一的世界棒球经典赛也将进入最后阶段！最终入围本次大赛半决赛的是美国、日本、韩国和哥斯达黎加这四支强队。

美国队的主力选手狼、日本队的王牌选手日本猕猴、以强力击球得到广泛认可的韩国队选手朝鲜虎，以及善用金鸡独立式打法的哥斯达黎加队选手美洲火烈鸟……这些实力雄厚、个性十足的选手将悉数登场。其中，最受关注的比赛当属美国队和日本队的直接较量。

韩国队

美国队在上届大赛中派出所有职业棒球大联盟球员，一举夺冠；日本队则是上上届大赛的冠军。只要首战顺利胜出，两支队伍就将在争夺冠军的总决赛中相遇。目前，网上的总决赛票价已经涨到了原价的 50 倍。

日本队

19

本书阅读指南

比赛项目
本页介绍的比赛项目的名称和特点。

赛事预测
分析焦点选手和对手的能力,预测比赛过程中可能发生的情况。

主要参赛选手
用以下符号表示预测的比赛结果。
◎夺金的最大热门
○金牌或银牌?
▲银牌或铜牌?
△有望拿到铜牌?

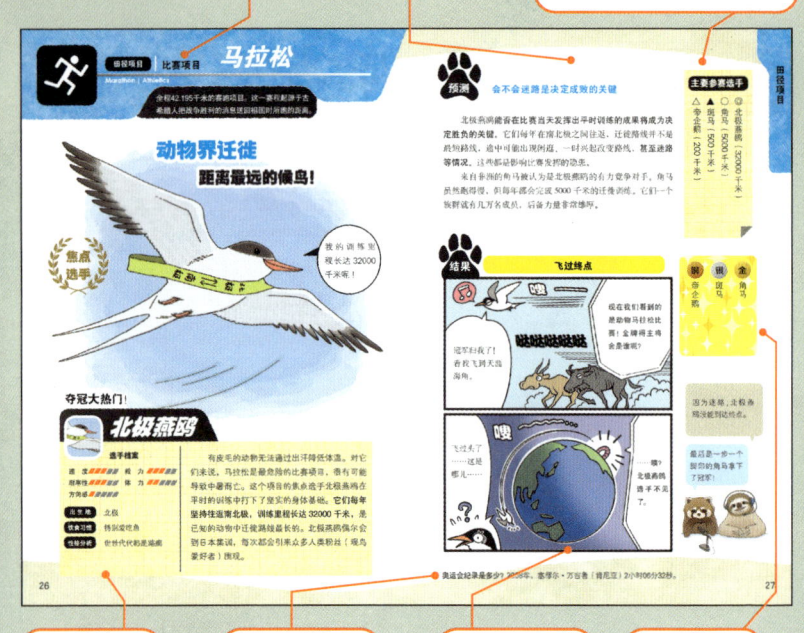

焦点选手
这项比赛获胜的关键和焦点动物选手的相关信息。

拓展小知识
人类在这项比赛中的最好成绩或其他有助于进一步了解这项比赛的信息。

漫画
用漫画的形式展现出比赛时的情景。

比赛结果
介绍比赛的最终结果。

注意

本书是根据各种动物的习性和特征编写而成的,是一本让动物挑战运动项目的虚构的娱乐性动物图书。书中存在一些不符合逻辑的地方,比如,现实中握不住球拍的动物在书中握起了球拍;体形差异很大的动物同台较量。希望各位读者以一颗包容的心看待这一点,发挥天马行空的想象,享受本书带给你的乐趣。

第 1 章

田径项目
Athletics

将"跑""跳""投"等能力锻炼到极致的陆地强者们,将在田径赛场上一决高下!

| 田径项目 | 比赛项目 |

100米赛跑

Athletics | 100m Short Track

选手们通过跑100米竞争名次。在人类世界,这是一项热门比赛,10秒左右就能决出胜负。

时速到达100千米仅需3秒,凭借极具威胁的加速能力,成为动物界最快的短跑健将!

焦点选手

单看爪子就知道我与众不同!

"金牌"选手

猎豹

选手档案

速　度 ■■■■■　毅　力 ■■■
加　速 ■■■■■　体　力 ■■■
伤　病 ■■

出生地	肯尼亚
饮食习惯	肉食
性格分析	腼腆的野心家

跑得快是所有动物的终极梦想。无论是捕捉猎物时,还是逃脱追捕时,跑得快都是最关键的能力。这项比赛最受关注的选手是来自非洲的猎豹,它能跑出最快每小时120千米的速度。短跑最重要的不是最快速度,而是加速能力。猎豹仅需要3秒就能加速到时速100千米。在地球上,只有猎豹拥有这种瞬间爆发的加速能力。

业内访谈

教练：

训练时，我总是提心吊胆的。猎豹的骨骼很脆，还挺容易骨折的。

同行：

猎豹在捕猎时会抓住猎物的后腿，使其摔倒。它们在奔跑时速超过100千米的状态下也能抬起前腿哦！

独家曝光！
猎豹到手的猎物被抢走？！

猎豹捕猎的成功率为40%，在猫科动物中是最高的。但同时，猎豹被鬣狗抢走猎物、最终吃不上饭的概率高达70%。猎豹跑得快，但不擅长打架，所以到手的猎物总是被鬣狗之类的"小混混"抢走。它们也没有花豹那么大的力气，无法把猎物拖到树上，只能在受到威胁之前赶紧吃下猎物，因此很容易发胖。

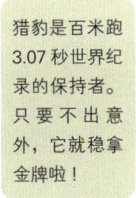

田径项目

训练场景

猎豹是百米跑3.07秒世界纪录的保持者。只要不出意外，它就稳拿金牌啦！

可以说这是一场和自己的较量。

比躯干还长的尾巴可以使猎豹保持身体平衡，在高速奔跑时还能转弯90度。不过，它一次只能持续奔跑60秒左右。

预测 拥有短距离跑的最强配置

猎豹的高速奔跑有很多秘诀。猎豹虽是猫科动物，却**无法收回趾甲**，就像穿着一双钉鞋，这样一来，起跑时连伸出趾甲的时间也节省了。奔跑时，猎豹柔软的脊椎可以最大程度伸展开，**脚的步幅也很大，一步可以前进7米**。

为避免高速奔跑时的风压导致眼睛干燥，猎豹的泪液量很大。**眼角下方的黑色条纹是猎豹在猫科动物中独一无二的显著特征**，有利于吸收阳光，使它在耀眼的阳光下也能死死锁定目标。这也是让别人可以辨认出猎豹的主要外观特征。如果它被误认成花豹，会很不开心的。猎豹唯一的弱点是耐力差，不过在以爆发力决胜负的比赛中，夺金应该问题不大。

主要参赛选手
◎猎豹（时速120千米）
○叉角羚（时速95千米）
▲鬃狼（时速90千米）
△象鼩（时速30千米）

啊，我好想吃菠萝。

鬃狼

要是个头再大一点，我就跑得比你们快了！

在食草动物界，谁都不是我的对手。

象鼩(qú)

我把一切都寄托在奔跑上了。

叉角羚　　猎豹

结果 抢跑之后筋疲力尽

铜	银	金
猎豹	鬣狗	叉角羚

田径项目

赢得不费吹灰之力!

嗖

100米赛跑!各就位,预备——

起跑有点太早了吧!

!?

猎豹选手抢跑了……

猎豹也没什么了不起嘛……

完蛋了,刚才把体力用完了……

比赛重新开始!各就位,预备——跑!

浑身无力

动物小剧场

跑步像阵风,转眼去无踪。问能跑多久?只有一分钟。

奥运会纪录是多少? 2012年,尤塞恩·博尔特(牙买加),9秒63。在人类世界,成绩在10秒以内就能跻身世界顶级水平。

25

| 田径项目 | 比赛项目 | **马拉松**

Athletics | Marathon

全程42.195千米的赛跑项目。这一赛程起源于古希腊人把战争胜利的消息送回祖国时所跑的距离。

动物界迁徙距离最远的候鸟!

焦点选手

我的训练里程长达32000千米呢!

南极 ⇌ 北极

夺冠大热门!

北极燕鸥

选手档案

速 度	■■■	毅 力	■■■■■
耐寒性	■■■■■	体 力	■■■■
方向感	■■		

出生地	北极
饮食习惯	特别爱吃鱼
性格分析	世世代代都是路痴

有皮毛的动物无法通过出汗降低体温。对它们来说,马拉松是最危险的比赛项目,很有可能导致中暑而亡。这个项目的焦点选手北极燕鸥在平时的训练中打下了坚实的体能基础。它们**每年坚持往返南北极,训练里程长达32000多千米**,是已知的动物中迁徙路线最长的。北极燕鸥偶尔会到日本集训,每次都会引来众多人类粉丝(观鸟爱好者)围观。

预测 会不会迷路是决定成败的关键

北极燕鸥能否在比赛当天发挥出平时训练的成绩将成为决定胜负的关键。它们每年在南北极之间往返，迁徙路线并不是最短路线，途中可能出现闲逛、一时兴起改变路线，甚至迷路等情况。这些都是影响比赛发挥的隐患。

来自非洲的角马被认为是北极燕鸥的有力竞争对手。角马虽然跑得慢，但每年都会完成5000千米的迁徙训练。它们一个族群就有几万名成员，后备力量非常雄厚。

主要参赛选手

◎ 北极燕鸥（32000千米）
○ 角马（5000千米）
▲ 斑马（500千米）
△ 帝企鹅（200千米）

结果 飞过终点

♪ 嗖——

哒哒哒哒哒

现在我们看到的是动物马拉松比赛！金牌得主将会是谁呢？

冠军归我了！看我飞到天涯海角。

嗖～～

飞过头了……这是哪儿……

咦？北极燕鸥选手不见了。

铜	银	金
帝企鹅	斑马	角马

因为迷路，北极燕鸥没能到达终点。

最后是一步一个脚印的角马拿下了冠军！

奥运会纪录是多少？ 2008年，塞缪尔·万吉鲁（肯尼亚），2小时06分32秒。

27

| 田径项目 | 比赛项目 | # 竞 走

Athletics | Walking Race

距离最长的田径项目。运动员行走20或50千米，走步时两脚不得同时离地。

焦点选手

没有腿也能达到时速20千米，蛇界速度最快、**最毒的蛇**参赛！

谁敢走到我前面，我就咬它一大口！

只要走完全程，摘金也有可能！

黑曼巴蛇

选手档案

速 度	■■■■■	执 着	■■■■■
凶猛程度	■■■■■	体 力	■■■■■
毒 性	■■■■■		

出生地	坦桑尼亚
饮食习惯	常吃老鼠和小鸟
性格分析	交不到朋友的类型

竞走虽然带一个"走"字，但其实速度相当快。这个项目的焦点选手黑曼巴蛇不仅耐热，还能**达到将近 20 千米的时速，是速度最快的蛇**。黑曼巴蛇还是性格最暴躁、好胜心最强的蛇。一旦遇到猎物，它就会以迅猛的速度追逐猎物，从不轻易放弃。在竞走比赛中，脚跟没有着地将被视为犯规，失去比赛资格，而黑曼巴蛇本来就没有脚，也就不会因此犯规。

预测：潜力十足，但暴脾气和蛇毒是隐患

黑曼巴蛇对饥饿的忍耐力很强，不要说赛场上的几个小时，就算一个月左右不进食也能进行剧烈运动。但是，它拥有的神经性毒素是一大隐患。这种神经性毒素可以说是最强蛇毒之一，也是止痛药等药物的原料，很难说能否通过兴奋剂检测。除了黑曼巴蛇，我们还关注到一名不起眼的非洲选手——苏卡达陆龟。它的爬行距离和速度都不太理想，但竞走姿势是参赛选手中最优雅的。

主要参赛选手
- △ 骆驼
- ▲ 黑曼巴蛇
- ○ 塔斯马尼亚袋熊
- ◎ 河马

田径项目

结果：我的前方是绝路！

冠军将在河马和黑曼巴蛇之间诞生！

竞走比赛接近尾声，两名选手不相上下！

黑曼巴蛇选手失去比赛资格！

竟敢走到我前面！

铜 苏卡达陆龟
银 塔斯马尼亚袋熊
金 骆驼

骆驼凭借背上的脂肪补充体力，走完了全程。

河马眼看就要夺冠，竟然遭遇意外，不能继续比赛了。

奥运会纪录是多少？ 2012年，陈定（中国），1小时18分46秒（男子20公里竞走）。

29

| 田径项目 | 比赛项目 | **跨栏跑**

Athletics | Hurdle Race

跑完110米或400米的赛程并跨越10个高约1米的栏架。

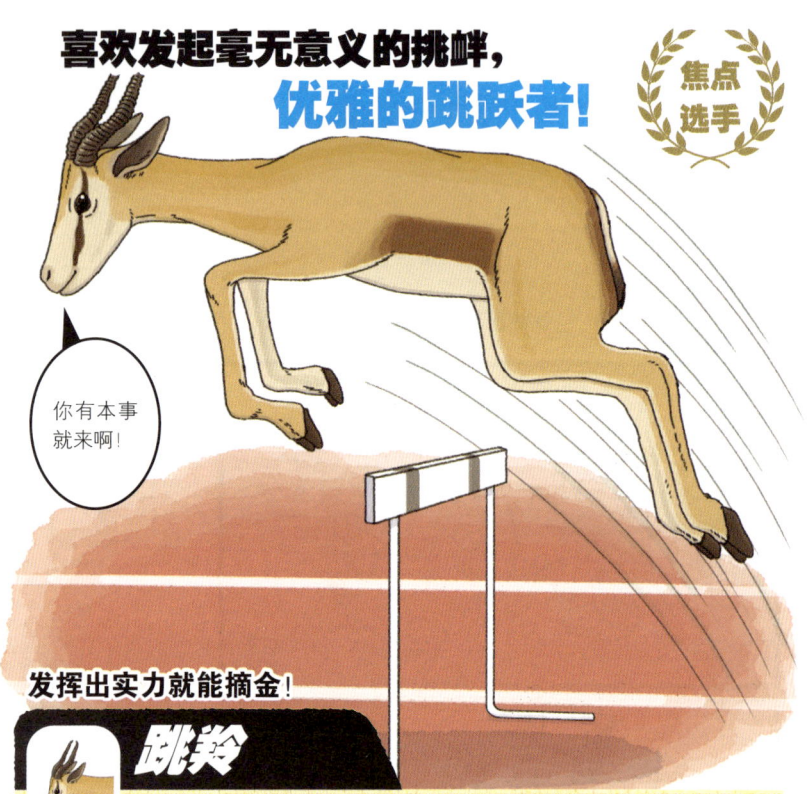

喜欢发起毫无意义的挑衅，优雅的跳跃者！

焦点选手

你有本事就来啊！

发挥出实力就能摘金！

跳羚

选手档案

速度	■■■■	毅力	■■■
跳跃	■■■■	体力	■■■
斗志	■■■■

- **出生地**：安哥拉
- **饮食习惯**：素食主义者（以植物为食）
- **性格分析**：遇到对手会变得很强势

一边跨越障碍物一边飞快逃跑的食草动物平时就很擅长这项运动，尤其是鹿家族和羚羊家族的成员，它们争相报名参赛。这个项目的焦点选手是来自非洲的跳羚。它们**面对天敌时会使出绝技"四脚弹跳"**。这种垂直向上跳跃近2米高的行为是**对强于自己的对手的挑衅**。跨栏跑对它们来说就是小菜一碟，它们能从容地跃过栏架。跳羚的实力没话说，积极性也很高，是非常值得关注的选手。

预测 **斗志过高，可能会做无谓的跳高**

如果是没有栏架的 100 米赛跑，跳羚只要 4 秒左右就能跑到终点。而出色的平衡感使它能在跑步的同时完成跳跃，保证零失败。不过，跳羚有一个毛病：当竞争对手在身边时，它的斗志会异常高昂、会高高地垂直跳起。

另一方面，由于碰倒栏架在这项比赛中不算犯规，参加比赛的野猪和犀牛根本没打算跨栏，准备撞倒栏架猛冲到终点。也许它们将大幅刷新世界纪录。

主要参赛选手

△ 鹿（时速 50 千米）
▲ 犀牛（时速 50 千米）
○ 野猪（时速 50 千米）
◎ 跳羚（时速 88 千米）

田径项目

结果 **魅力四射的跨栏**

铜	银	金
鹿	野猪	跳羚

哒哒哒哒

所有选手一起冲出了起跑线！

优雅

哇噢

太美了……选手们都看呆了！

太美了

跳得太精彩了。对手没有被激怒，反而被它的魅力折服了。

犀牛因为视力不好，冲出跑道，失去了比赛资格。

奥运会纪录是多少？ 2004 年，刘翔（中国），12 秒 91（110 米跨栏跑）。

| 田径项目 | 比赛项目 | # 4 × 100米接力

Athletics | 4×100 Metres Relay

全程400米，4名选手各跑100米，传递接力棒[1]。

制定周密战术，
用非一般的协作迎接挑战！

> 我为集体争光，集体为我骄傲！

焦点选手

团队合作，力争夺冠！

非洲野犬

选手档案

速 度	★★★★☆	情报收集	★★★★★
跳 跃	★★★☆☆	体 力	★★★★☆
配合度	★★★★★		

- **出生地** 南非
- **饮食习惯** 肉食
- **性格分析** 自我要求很高

　　这可能是一项团队协作比个人能力更重要的比赛。适合习惯过集体生活、等级制度严格的群居动物参加。这个项目的焦点选手是非洲野犬。**它们默契的配合度是其他动物完全比不上的**。它们在捕猎前会事先看好地形，确认这次行动的决胜关键，并根据成员的身体情况调整追击顺序和任务内容。**捕猎的成功率高达80%，居动物界之首**。捕到的猎物也会被平均分配，连没参加捕猎的成员都会分到战利品。

1. 奥林匹克运动会中设有4×100米接力（男子/女子）、4×400米接力（男子/女子）和4×400米混合接力。

预测 **团队合作能力强，姐妹怄气是隐患**

以狼为首的犬科动物很擅长接力比赛，而习惯单独行动、个人能力出众的猫科动物则不擅长。非洲野犬没有明显的短板，但因为**群体成员间情谊深厚**，它们常常为了抢着干活而打起来。心怀奉献精神的雌性之间"怄气"的现象尤为常见。团队成员间的情感波动可能会扭转赛场上的局势，教练和队长的力量或将很大程度上影响比赛的结果。不过，它们吵一架后很快就会和好如初。

主要参赛选手

△ 狮子（时速55千米）
▲ 赤猴（时速55千米）
○ 狼（时速70千米）
◎ 非洲野犬（时速60千米）

结果 把分工合作贯彻到底

所以，对我们来说，接力赛夺冠就是小菜一碟！

我们非洲野犬队的族群合作能力很优秀。捕猎成功率高达80%！

到达终点

全队都很努力！

干脆利落

咔嚓

你们跑得太棒了！

采访冠军当然也是团队的工作！

摄影师　队长　记者

铜	银	金
赤猴	狼	非洲野犬

从接力棒的交接等细节可以看出，它们配合得非常默契。

它们的分工合作太精彩了。

奥运会纪录是多少？ 2012年，内斯塔·卡特、迈克尔·弗拉特、约翰·布雷克、尤塞恩·博尔特（牙买加），36秒84。

田径项目

| 田径项目 | 比赛项目 | # 跳高

Athletics | High Jump

不使用工具,只靠助跑跳跃横杆,根据越过横杆的高度排名。

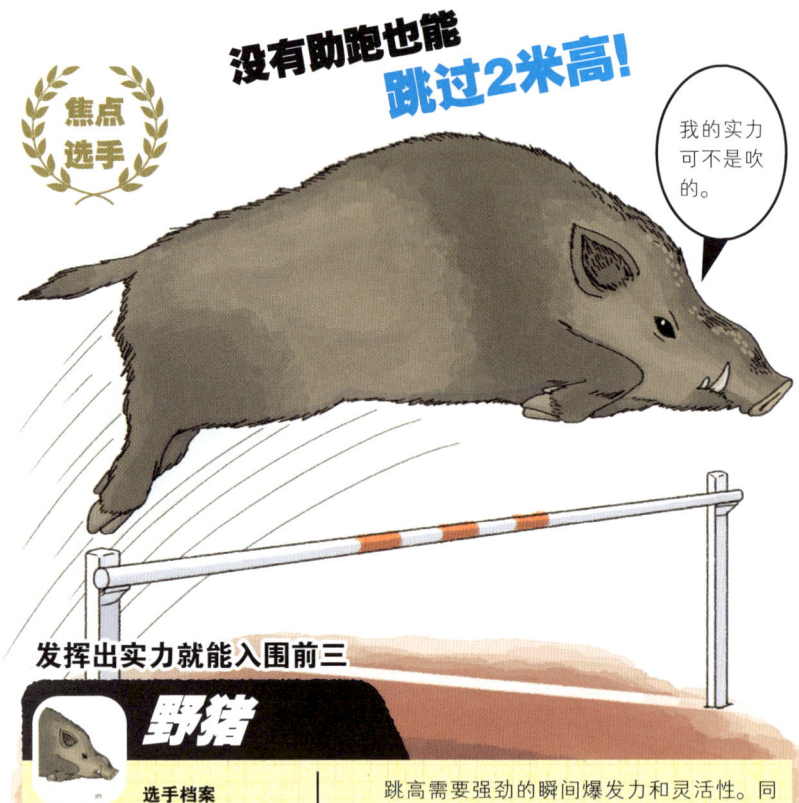

没有助跑也能跳过2米高!

焦点选手

> 我的实力可不是吹的。

发挥出实力就能入围前三

野猪

选手档案

速　度 ■■■■□	毅　力 ■■■■■
跳　跃 ■■■■■	体　力 ■■■■□
破坏力 ■■■■■	

出生地	日本
饮食习惯	爱偷吃菜地里的菜
性格分析	鲁莽

跳高需要强劲的瞬间爆发力和灵活性。同时,由于比赛成绩以厘米为单位计算,比赛的结果还取决于是否拥有专注力和自信心以激发自身潜力。参加这个项目的野猪选手**智商很高**,狗的那些把戏它很快就能掌握。另外,野猪警戒心强、性情急躁、容易发火,该出手时就大胆出手……总之就是不好惹。不过,它是一名心理素质很强的运动员,即使看到对手成绩出色也不会被影响。

田径项目

💬 业内访谈

教练：

它要是被惹火了，说不定能大幅刷新世界纪录呢。

运动营养师：

它在赛前不管多么紧张都超能吃，可以一直吃到吐。

同行：

它讨厌突然打开的雨伞，所以比赛时开始下雨就不妙了。

独家曝光！
竞争对手研究

提起跳高，很多人会想到兔子。但实际上，兔子受骨骼形态的限制，不太擅长做垂直向上跳起的动作。兔子的心理素质也不好，心思敏感，很容易产生精神压力。而猫科动物高高跳起时则需要有立足点，而且，它们最大的问题是"三分钟热度"，很难有持久的动力。

📷 训练场景

※ 危险动作，人类请勿模仿

爸爸加油

看我的！

电围栏

相当不错的一跳呀！

小野猪们也在加油助威呢。

跳跃电围栏的跳高训练场景。"偶尔碰到会触电，然而并无大碍。"（野猪）

预测　除了运动天赋，心理素质也很好

野猪的腿很短，乍一看似乎没有运动天赋。但其实它不仅跑得快、耐力强，还擅长举重，运动天赋非常出众。野猪还能表演踩球杂技，平衡感很强，四肢也非常灵活。它只要拿出真本事，**不用助跑就能轻轻松松地垂直跳起 2 米高**。为此，动物园也会把野猪的围栏高度设定到其跳跃高度的两倍，即 4 米。

野猪浑身长满肌肉，骨骼很粗，遭遇骨折、扭伤等意外伤害的概率很小。这也是它的一大优势。野猪的心理素质也很好，看到在场所有观众用打节拍或人浪的形式给受欢迎的对手加油助威，反而会燃起斗志。不过，它有一个坏毛病，见到什么都喜欢用鼻子拱一拱，不知道会不会不小心拱到横杆。

主要参赛选手

◎美洲狮（5.4 米）
○山羚（3 米）
▲野猪（2 米）
△跳蚤（1.35 米）

敌人越多，斗志就越强啊！

野猪

美洲狮

这些对手都是我爱吃的。有点饿了……

我最喜欢蹦蹦跳跳！

山羚

我要是和人类一般大，就能跳过高楼了！

跳蚤

36

结果 — **克服紧张的妙招**

铜	银	金
跳蚤	野猪	美洲狮

田径项目

心情紧张

它会给我们带来怎样的表现呢？

跳蚤、美洲狮、山羚选手已经完成了比赛，现在出场的最后一位选手是野猪！

加油——
哇哇——

等等，还有这一招！

怎么办……这么高，我跳不过去啊……

就把它想象成菜地的电围栏……

说不定能行？！

动物小剧场

临场比赛有点慌，但我可是『猪葛亮』。横杆当成电围栏，轻松一跃就得奖。

奥运会纪录是多少？1996年，查尔斯·奥斯汀（美国），2.39米。

37

田径项目 | 比赛项目 | 跳远

Athletics | Long Jump

田径比赛中的跳跃项目，按照助跑后跳跃的水平距离进行排名。

12米的超级跳跃
和对手拉开决定性差距！

> 这次我可是有备而来！

焦点选手

有望拿到好名次！

大袋鼠

选手档案

速 度	■■■■□	毅 力	■■■■■
跳 跃	■■■■■	体 力	■■■■□
踢 力	■■■■■		

- **出生地**　澳大利亚
- **饮食习惯**　素食
- **性格分析**　有实力，没动力

跳远是田径的热门项目，需要选手使用腹部和背部肌肉，发挥瞬间爆发力和灵活性。成绩计算精确到厘米，因此，用哪只脚起跳、落地时如何避免身体后仰接触地面，这些都是很关键的问题。来自澳大利亚的大袋鼠是公认的冠军候选者之一。红大袋鼠**体长可达160厘米，体重可达60千克**，大块头的它一步最远能跳12米。

大袋鼠的实力如何？

运动员Q（青蛙）和C（草蜢）匿名接受了采访。

运动员Q：

> 它不会倒着走，没法调整从助跑点到起跳点的步数，所以助跑很糟糕。

运动员C：

> 它落地时好像经常尾巴先着地。

独家曝光！
大袋鼠最近发的微博：

05：08 "睡了，晚安——"

07：30 "热死了——"

09：17 "好累，真不想动弹。"

12：45 "真心要被太阳晒死了。"

13：01 "求转发：往胳膊上抹唾沫就凉快了哟。"

14：22 "为了多产奶，吃点有营养的。"

16：30 "这草简直不要太好吃。"

17：32 "遇到澳大利亚土著了……"

18：43 "澳洲野狗真让我火大。"

田径项目

训练场景

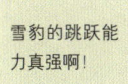

> 雪豹的跳跃能力真强啊！

> 近期实力稳步提升的跳羚也是不容小觑的劲敌哦！

　　冠军的热门选手是雪豹。这次高手云集，将会是一场高水平的比赛。

预测 **期待高速助跑后的超级一跳**

和其他大陆相比，如今的澳洲大陆上几乎没有大型食肉动物，大袋鼠却进化出了快速奔跑的能力，期待它在迅猛助跑后的精彩一跳。此外，大袋鼠生活在澳大利亚高温干旱的气候中，耐得住酷暑时节的比赛，在沙漠的地面上也跳得很稳。

大袋鼠白天经常不训练，会找个地方悠闲地偷懒。那姿态像极了只穿一条大裤衩、窝在家里看球赛的中年油腻大叔。它虽然不喜欢训练，但由于生长在天敌少、没有压力的悠闲环境里，所以在赛场上同样能发挥出实力，属于不怯场的类型。

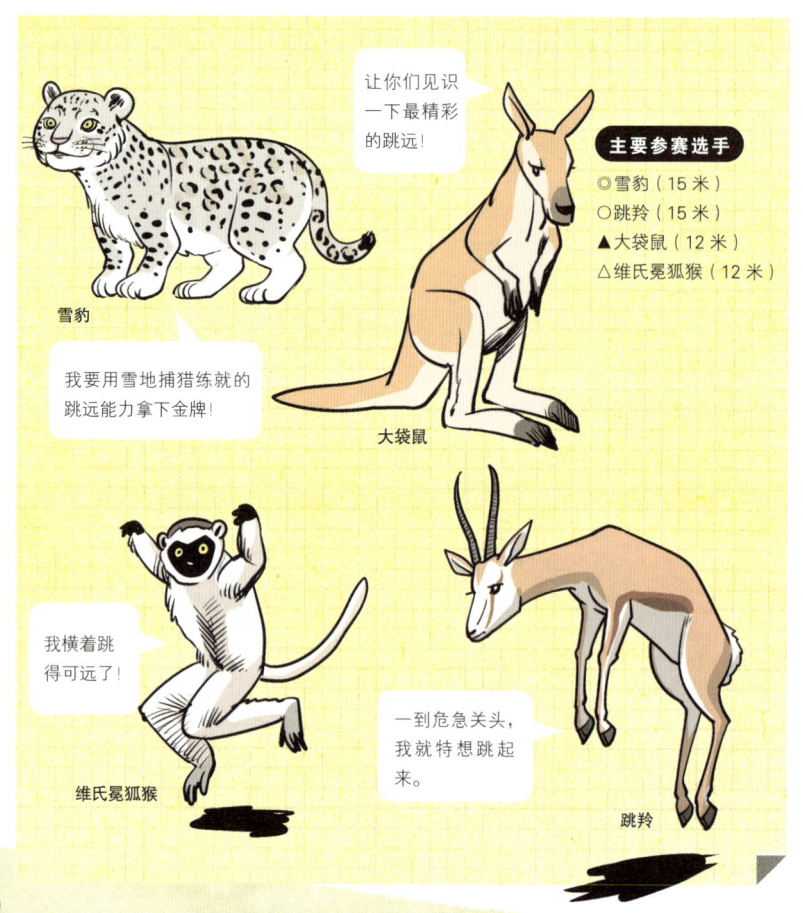

主要参赛选手
◎雪豹（15米）
○跳羚（15米）
▲大袋鼠（12米）
△维氏冕狐猴（12米）

雪豹：我要用雪地捕猎练就的跳远能力拿下金牌！

大袋鼠：让你们见识一下最精彩的跳远！

维氏冕狐猴：我横着跳得可远了！

跳羚：一到危急关头，我就特想跳起来。

结果 充满亲情的超级一跳

铜	银	金
维氏冕狐猴	跳羚	雪豹

田径项目

看我的!
伸头
哎,这一跳是不是不够远?!

嚓 嗖嗖 我跳!

这是亲情的胜利啊!
妈妈,太棒了!我们刷新纪录了!

什么!
不,不,这是典型的犯规。即使是母子,也不能用同一个名额参赛。

动物小剧场

袋鼠认真跳,险些胜雪豹。母子齐上阵,奖牌拿不到。

奥运会纪录是多少? 1968年,鲍伯·比蒙(美国),8.90米。落地区使用沙坑是为了吸收冲击力。比赛中,风速也会影响成绩,1厘米的差距就能决定胜负。

41

三级跳远[1]

田径项目 | 比赛项目

Athletics | Triple Jump

按照三段跳跃的总距离进行排名。起源于用尽可能少的步数跳过水坑的游戏。

焦点选手

> 我跳，我跳，我跳跳跳！

在沙漠中练就惊人的
单脚跳・跨步跳・跳跃！

最终将是和牛蛙一对一的较量？！

五趾跳鼠

选手档案

- 速度 ■■■■■
- 毅力 ■■■■■
- 跳跃 ■■■■■
- 体力 ■■■■■
- 平衡感 ■■■■■

出生地	巴基斯坦的沙漠
饮食习惯	常吃种子
性格分析	做事有一股拼劲

三级跳是野生动物经常会用到的一种运动能力，包括瞬间找出适合的落脚点、在跳跃中高速前进。焦点选手是五趾跳鼠。它的天敌是狐狸和蛇，在没有藏身之处、落脚不稳的沙漠中，它用单脚跳、跨步跳、跳跃的形式灵活地逃避天敌的追击。五趾跳鼠圆滚滚的小身体长约10厘米，长着像弹簧一样的长腿和尾巴，奔跑时速能达到40千米，跳跃能达到3米高。

---

1. 三级跳远中，运动员助跑后应做3次不同形式的跳跃。第一跳为单脚跳，第二跳为跨步跳，第三跳为跳跃。

预测　跳跃能力没得说，落地也很稳

五趾跳鼠生活在沙漠里，耐得住酷暑，在这项比赛中有明显的优势。它的脚上还**穿着一双带毛的特殊"钉鞋"，具有防滑功能**。另外，五趾跳鼠**在腾空时能出色地控制姿势，用比身体还长的尾巴保持平衡**。它的胡须长在脸的下部，可以随时探察地表的状态。

牛蛙被视为五趾跳鼠的有力竞争对手。此外，飞蝗和跳蚤的实力也很强，但它们落地不稳，即使跳出更好的成绩也经常因犯规失去比赛资格。

主要参赛选手
◎ 五趾跳鼠（3米）
〇 牛蛙（2米）
▲ 飞蝗（1米）
△ 跳蚤（30厘米）

田径项目

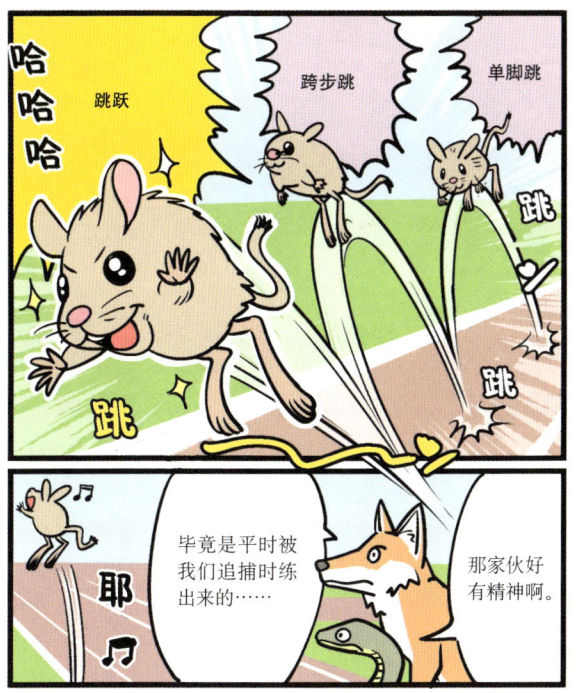

结果　朝着梦想跳跃

铜	银	金
牛蛙	飞蝗	五趾跳鼠

跳跃　跨步跳　单脚跳

哈哈哈
跳 跳 跳

毕竟是平时被我们追捕时练出来的……

耶

那家伙好有精神啊。

五趾跳鼠跳得十分精彩。

飞蝗跳得很远，但落地时失误了，很遗憾。

奥运会纪录是多少？ 1996年，肯尼·哈里森（美国），18.09米。

43

| 田径项目 | 比赛项目 | # 铅球
Athletics | Shot Put

将重约7千克[1]的球投掷到远处的扇形区域内,以投掷的距离计算成绩。

我的投球姿势很狂野吧!

用低肩投法展示自己的力量!

焦点选手

发挥出实力就能摘金?!

黑猩猩

选手档案

远 投	■■■■■	毅 力	■■■■□
力 量	■■■■□	体 力	■■■■□
平衡感	■■■■■		

出生地	塞内加尔
饮食习惯	以素食为主,偶尔吃肉
性格分析	爱较真

这项比赛适合习惯通过扔东西展示力量和雄性气概的动物。焦点选手是黑猩猩。当看到天敌或对手出现在眼前,或者因为一点小事就心情不好时,**地位高的黑猩猩会马上把石头等物体扔出去,威吓对方。**动物园里的黑猩猩没有东西可扔,就扔自己的粪便来展示强大。扔出去后还会发出"唔叽呀——"的吼叫声,露出洋洋得意的神态,很有运动员风范。

1. 此处为男子铅球重量,女子铅球重约4千克。

预测 不仅威力大，控球能力也很出众

铅球的投掷规则规定，铅球位置比肩膀靠后就失去比赛资格。黑猩猩**不把手高高举起，也不助跑，而是冷不丁地用低肩投法扔出石块或粪便**。它扔出去的物体，时速能达到80千米以上，能飞出20多米远，命中率也很高，据说连垒球界也来挖墙脚。屎壳郎也擅长控制球状物，但扔出的距离不太理想。鸵鸟会在胃里存一些石子来磨碎食物，凭借石子类似铅球这一点入围了这项比赛。

主要参赛选手

△ ▲ ○ ◎
鸵鸟　屎壳郎　大猩猩　黑猩猩

田径项目

结果 遗憾的邀请结果

铜	银	金
屎壳郎	大猩猩	黑猩猩

这一投太厉害了！超过象和熊的纪录，黑猩猩选手斩获金牌！

咻

黑猩猩选手投出的第一球！

嘿！我们是垒球队，你一定要……

哎呀！

啊，请不要接近它，很危险的！

砰

会向讨厌的对象扔石块

黑猩猩创造了超过20米的大赛新纪录。

鸵鸟不小心把铅球吞下了肚，失去了比赛资格。

奥运会纪录是多少？ 2021年，瑞安·克劳瑟（美国），23.30米。

45

| 田径项目 | 比赛项目 | # 链球

Athletics | Hammer Throw

在链子的一头挂上重约7千克[1]的金属球，经数次旋转将球掷出。这一项目最初投掷的是铁锤。

将脖子化作柔韧的鞭子，拿出"脖斗"的气势，力争投出超远距离

怎么觉得头晕眼花的！

焦点选手

刷新比赛纪录不是梦！

长颈鹿

选手档案

远 投	■■■■	毅 力	■■
力 量	■■■	体 力	■■■
平衡感	■■		

- **出生地**：乌干达
- **饮食习惯**：素食主义者
- **性格分析**：对别人不太感兴趣

擅长旋转和利用离心力的动物能够在这个项目中取得好成绩。大家关注的焦点是长颈鹿选手。链球运动员的脖子肌肉发达，而**长颈鹿的颈部肌肉也强壮无比。雄性长颈鹿之间会进行一种"脖斗"仪式**。它们像掰手腕一样，互相用脖子压住对方的脖子，压倒对方则为胜利。如果难分高下，就抡起脖子撞击对方的头。在"脖斗"时，为了让角顶到对方，它们都是将头向后方撞击。

46　　1．此处为男子链球重量，女子链球重约4千克。

预测 **在互撞脖子的"脖斗"中总是全力以赴**

长颈鹿的"脖斗"不是真的打斗，而是雄性之间有规则的仪式性斗争，就相当于人类的体育运动。温和的长颈鹿在"脖斗"时，也会化身决不妥协的运动员，拿出自己的真本事。

长颈鹿的**脖子力量非常强，足以把50千克的重物甩出30米远**。而且，它们脑部的血管很特别，用力甩头也不会使血管破裂。不过，它们攻击狮子等天敌时不用"脖斗"，而使用足以粉碎对方头骨的强力踢腿。

主要参赛选手
△ 栗卷象　▲ 长颈羚　○ 大象　◎ 长颈鹿

田径项目

结果 **用力过猛，摔了个大跟头！**

来一发劲爆投球！
旋转
旋转
现在我们看到的是长颈鹿选手，它正在用"脖斗"技巧进行第一次投球。
会不会转过头了？

噗通
哎呀，摔了个劲爆的大跟头！
用力过猛，不摔倒才怪！
哇——

铜	银	金
栗卷象	长颈羚	大象

用鼻子投掷链球的大象最终获得了金牌。

毕竟大象的力气大得出奇，连人类的小孩子都能举起来。

奥运会纪录是多少？ 1988年，谢尔盖·利特维诺夫（苏联），84.80米。

47

| 田径项目 | 比赛项目 | # 标枪

Athletics | Javelin Throw

助跑后将标枪投掷出去，按照投掷的距离排名。

看起来美丽的螺，
实际是标枪名将

焦点选手

发射毒枪！

投出去就能稳拿金牌！

鸡心螺

选手档案

远 投	■■■□□	毅 力	■■■□□
毒 性	■■■■■	体 力	■■■□□
平衡感	■■■□□		

- **出生地**　印度尼西亚
- **饮食习惯**　常吃小鱼
- **性格分析**　面无表情，很冷血

其实，很多动物都拥有像长枪一样能刺敌人的武器，比如豪猪和刺猬。长有毒针的蜜蜂和毛毛虫等动物也拥有形似长枪的小小武器。不过，这些动物大多不通过投掷来使用它们的长枪。而生活在浅海海域、种类很多的鸡心螺其实是投掷长枪的高手。它们的齿舌进化成长枪似的特殊形态，在捕猎时能精准地射中猎物。

48

预测 — 枪上的神经毒素有剧毒，比赛时裁判员也要当心

鸡心螺的长枪含有毒性强烈的神经毒素，人类被它刺中也会丧命。因此，在比赛过程中，裁判员必须注意飞来的长枪，避免发生不幸事故。长枪的飞行距离也是一个问题。即便鸡心螺使出全力，也只能投出几厘米远……

鸡心螺的对手是蜗牛。蜗牛在交配时会将一根名为"恋矢"的长枪刺入对方体内，以促进交配。不过，这根长枪的飞行距离为零。可想而知，这将会是一场低水平的较量。

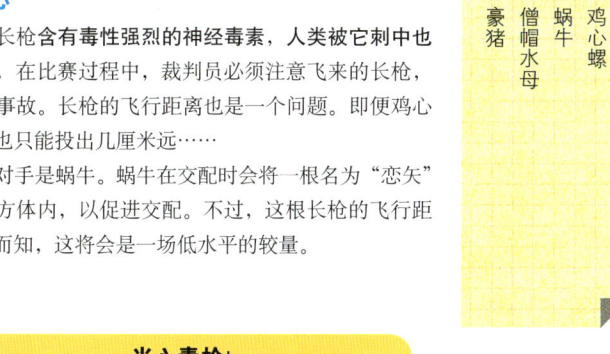

主要参赛选手

△	▲	○	◎
豪猪	僧帽水母	蜗牛	鸡心螺

结果 — 当心毒枪！

接下来是大家关注的鸡心螺选手，它能否刷新比赛纪录呢？

集中精神……

啊

发现猎物！
发射
呀
取消比赛资格！

铜	银	金
无	无	无

预计稳拿金牌的鸡心螺竟然失去了比赛资格。

其他选手的长枪也没有飞出去，所以都没有成绩。

田径项目

奥运会纪录是多少？ 2008年，安德烈亚斯·托希尔德森（挪威），90.57米。

| 田径项目 | 比赛项目 | # 撑杆跳高

Athletics | Pole Vault

借助撑杆的弹力巧妙地跳过高空中的横杆，按照跳跃的高度排名。

一心钻研杆子，只为吸引异性

手握杆子的我是不是很矫健……

焦点选手

对杆子的热爱天下第一！

大猩猩

选手档案

棍 术	■■■□□	平衡感	■■□□□
力 量	■■■■□	体 力	■■■■□
跳 跃	■■□□□		

- **出生地**：刚果
- **饮食习惯**：素食主义者
- **性格分析**：别扭

大猩猩从小就特别喜欢杆状物，经常拖着树枝玩耍。雄性大猩猩到了适当的年纪，为吸引雌性的注意，会折下自己喜欢的带叶子的树枝拿着走。它们会仔细检查树枝的硬度、柔韧度来进行挑选，**在雌性面前故意拖动树枝制造声响，或者把树枝当扫帚一样敲打地面，以吸引雌性的注意**。成功得到关注的大猩猩有时还会把树枝叼在嘴里，露出得意扬扬的神态。

预测 执着于追求高度，但心态可能影响发挥

大猩猩不仅热爱杆子，也在默默地追求高度。因为个头高的雄性更受异性欢迎，于是雄性大猩猩便把头顶弄得尖尖的，虽然没什么实际用处，但看起来显得高一些。它们还在头顶堆积脂肪，只为让自己看起来高哪怕一厘米。这种不达到目的不罢休的精神值得肯定。

大猩猩太自作多情，可能会影响比赛时的发挥。它们心思细腻，一被关注就会紧张，发挥不出本来的实力，以往的失败经历也会给敏感的它们留下心理阴影。

结果 用杆子彰显男子汉气概！

主要参赛选手
△ 河狸　▲ 竹节虫　○ 黑猩猩　◎ 大猩猩

田径项目

铜	银	金
无	无	无

要说使杆子，我可有经验了。

接下来出场的是大猩猩选手。它将给我们带来怎样的表现？让我们拭目以待！

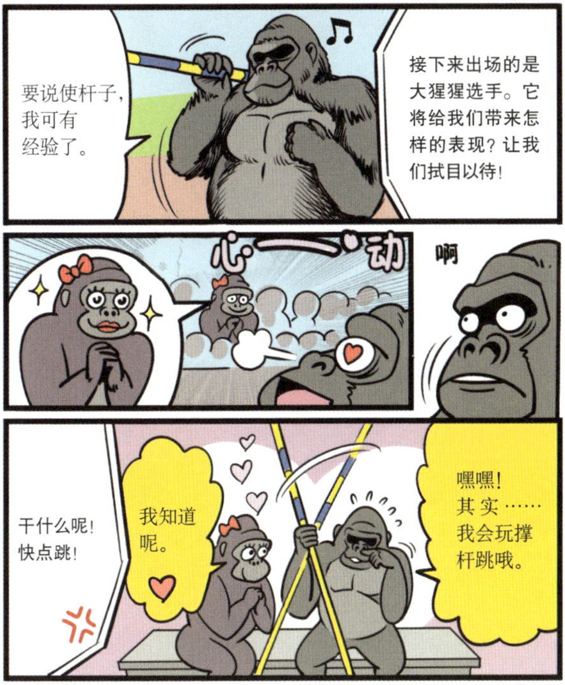

心动

啊

干什么呢！快点跳！

我知道呢。

嘿嘿！其实……我会玩撑杆跳哦。

大猩猩忙着和异性聊天，把比赛的事抛到脑后了。

用杆子跳高对它们来说也许有难度吧。

奥运会纪录是多少？ 2016年，达·席尔瓦（巴西），6.03米。

田径项目 | 比赛项目 | # 铁人三项
Athletics | Triathlon

标准比赛距离是51.5千米，包括游泳1.5千米、自行车40千米和长跑10千米。也有超过200千米的比赛。

焦点选手

灵长类的最强游泳健将，挑战三合一综合项目！

> 只要跑完长跑就有戏！

正常发挥就有望夺金！

长鼻猴

选手档案

- 游 泳 ■■■■■
- 毅 力 ■■■■■
- 脚 力 ■■■■■
- 体 力 ■■■■■
- 跑 力 ■■

出生地	马来西亚
饮食习惯	常吃树叶
性格分析	在意别人的眼光

鉴于这个项目是游泳、自行车、长跑三项的组合，首先参赛选手必须会骑自行车。这样一来，候选选手就锁定到了马戏团和猴戏从业经验丰富的灵长类动物。可惜的是，包括人类在内的大多数灵长类动物其实并不擅长游泳。不过，其中有一位难得的游泳健将——长鼻猴。长鼻猴的**脚趾间长有脚蹼，可以从红树林直接跳进河里游泳**，这在灵长类中很少见。

预测 跑步途中的"反刍"是影响发挥的隐患

长鼻猴在猴科动物中也算是四肢修长的，适合参加自行车比赛。而它平时的饮食习惯可能成为比赛时的隐患。长鼻猴主要以树叶为食，**是灵长类动物中唯一会"反刍"的，它们会像牛一样将进入胃里的食物返回嘴里再次咀嚼**。在激烈的比赛中，长鼻猴说不定会反刍。不仅如此，只吃树叶使它的肠道进化得特别长，肚子太鼓也可能会影响它的发挥。标志性的大鼻子不便于呼吸，比赛前长鼻猴需要贴通气鼻贴。

主要参赛选手

△ ▲ ○ ◎
食蟹猕猴　树懒　小食蚁兽　长鼻猴

田径项目

结果 跑步时请不要这样

呼哧　呼哧

实在是有点累……

现在我们看到的是长鼻猴选手。它已经完成了游泳和自行车项目，只剩下长跑了！

在反刍啊！

吧唧　吧唧　吧唧

喂，你没事吧？！

唔！

铜 树懒　**银** 小食蚁兽　**金** 长鼻猴

长鼻猴中途好几次差点吐出来，但还是坚持到达了终点。

它在游泳项目中领先了很多呢。

奥运会纪录是多少？ 铁人三项按照到达终点的先后顺序排名，所以没有最高纪录，不过完成51.5千米的比赛大约需要1小时45分钟。

动物专栏　　　　　　　　　　　　　　　　　　　　　　　　　　　Animal Column

动物的运动数据是如何测量出来的？

时速、肌肉力量、握力……动物的运动数据有很大的学问！

测量动物的运动数据难度很大

测量野生动物的跑、跳、游泳等行为的速度和力量是一项难度很大的工作。即使人类捉住动物，做好测量准备后把它们放出来，它们也不会按照人类希望的方式行动，乖乖配合测量。它们经常做出意料之外的举动，比如飞速奔跑时突然停下，又或者掉头跑回起点。而最大的难题是，人类不知道它们达到某个速度时是否"用尽了全力"，如果不是，那么到底用了几分力气……这些对人类来说都是难解的谜题。

鬃狼

用最新器材测量动物的运动数据

人类尝试了各种各样的器材来测量动物的运动数据。出于研究需要，人类会捕捉鸟类，给它们装上脚环后放生，最终通过陷阱或回收尸骸的方法计算出它们的移动距离。而近年来，给鸟类装上全球定位系统等装置就能获取鸟类更具体的移动路线和飞行速度等数据；还有人使用棒球测速仪，测量了陆地动物的奔跑速度和鸟类的飞行速度；让动物啃咬或抓握压力测量棒，可以测量它们的咬合力和握力。虽然测量条件不统一，但这些器材测量出来的数据非常珍贵。

通过影像纪录计算野生动物的运动能力

影像纪录为测量动物的运动能力提供了参考。人类可以通过自然类纪录片的影像计算动物的运动能力。

比如,人类可以从奔跑距离反推出奔跑速度,还可以通过特殊摄像机长时间拍摄等方式探明动物独特的打斗方式,揭开未知生态的神秘面纱。负责拍摄自然纪录片的,通常都是动物界的专家。

除了自然类纪录片,以前的电影也是宝贵的信息来源,其中拍摄野生动物的画面给人们提供了非常多的信息。举个例子,约翰·韦恩主演的经典西部片《哈泰利》(1962年)就充分展现了野生动物的生活习性和运动能力。这部影视作品在拍摄时也曾邀请动物专家指导。

> 好好记录下我超越 K 点的过程哦!

颚猴

在建造动物园时动物数据的应用与局限性

测量出来的动物数据会应用到动物园、水族馆等设施的建造上。动物用身体撞击时会使出多大力气?它们的咬合力有多大?它们能跳多高?建造动物园等设施时需要尽可能多地收集这方面的数据。

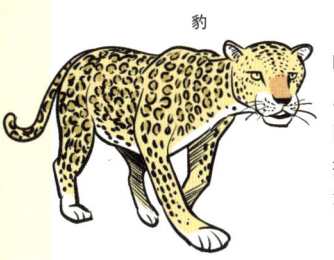

豹

除了实际测量的数据以外,人们在分析、计算时还会参考以往事故的数据、研究人员的经验等信息,设计出强度最适合的笼子、水箱以及最合理的园区。但是,即便设施的强度或高度设置为测量数据的两倍,也经常出现动物破坏设施或动物出逃的事件。由此可见,预测动物的能力真的很难。

猎人见证动物的惊人能力

猎人目击过动物的许多惊人能力,单靠猎枪、麻醉枪、套索和诱捕笼不能抓住野生动物。只有在追逐野生动物的生活中不断积累经验,对动物和山林无所不知,才可能成功狩猎。

猎人的经验和动物园、研究人员的数据大不相同,动物在林间奔跑时的速度、跃过悬崖的力量……猎人的经验里满是令人震惊的故事。可以说,我们平时见到的动物都是处于"客场"状态,它们在"主场"发挥出的真正实力远远超出我们的想象。

也就是说,目前人类记录下来的动物的数据未必是它们最真实的数据,远远超过数据的实际情况比比皆是。动物在人类面前亮出真本事时,也许会创造出令人难以置信的新纪录。

只要数据的测量技术不断完善,或许有朝一日,动物的数据也会像人类体育竞技那样,不断产生新纪录。

> 我要跳得更高、更远。

跳羚

> 老实说,我要是动真格,还会更厉害。

美洲狮

> 在我们动物看来,人类就像暴露我们生活隐私的狗仔队,希望他们的跟拍不要太过头。

> 人类制作的自然纪录片等影片是靠着执着和坚持,历时很多个月才拍出来的吧。

第 2 章

水上项目
Aquatics

游泳、跳水、花样游泳、水球……激烈的角逐将在水上展开。谁会是水上项目的霸主？

| 水上项目 | 比赛项目 |

游泳-自由泳

Aquatics | Swimming Free Style

不限泳姿，只求速度的比赛。为争夺0.01秒的优势，人们不断钻研游泳技术，开发新式泳衣。

> 用跳水的撒手锏把大家都震住！

把长鼻子当成呼吸管，一口气游到终点！

适合游泳的优异体能！

大象

焦点选手

选手档案

游　　泳	■■■■■	毅　力	■■■■■
呼　　吸	■■■■■	体　力	■■■■■
强壮程度	■■■■■		

出生地	泰国
饮食习惯	素食主义者
性格分析	敏感多疑，严于律己

　　不用练习、生下来就会游泳的动物其实比我们想象的要多，大象就是其中之一。它体重达5吨以上，看起来很笨重，但其实非常喜欢水，也**很擅长游泳，泳姿类似于狗刨式**。大象有着25万毫升的巨大肺容量，每分钟呼吸6次，呼吸次数只有人类的一半，这在游泳项目上也是优势。**它游泳时把鼻子当成呼吸管伸出水面**，不需要把头露出水面换气。

预测 以入水时掀起的波浪为武器，还会巧用长鼻子

大象重达 5 吨，它的入水会引发剧烈的水面波动，能够光明正大地对其他泳道的选手出发造成阻碍。而游泳比赛的成绩精确到 0.01 秒，微小的差距就能决定胜负。并且，大象在距离终点还有 2 米时就能用鼻子触壁，优势非常明显。

令人担忧的是大象平时没有跳入水中的习惯，因此事先练习是很有必要的。而且，大象对尖锐的声音非常敏感，比赛开始时的哨声可能会令它恐慌。

主要参赛选手

△ ▲ ○ ◎
贝 海 儒 大
壳 牛 艮 象

结果 遭遇空中刺客？！

大象竟然潜泳，说不定能拿下冠军？！

唔唔唔唔唔

状态不错！

铜	银	金
海牛	儒艮	大象

大象克服了鸟的干扰，第一个到达了终点。

这也体现出了呼吸次数少的好处呀。

水上项目

奥运会纪录是多少？ 2021年，凯勒布·德雷斯尔（美国），21秒07（男子50米自由泳）。

水上项目 | 比赛项目 | 游泳-仰泳

Aquatics | Swimming Backstroke

采用仰卧在水中的泳姿，虽然是传统项目，但随着理念革新不断进化。

身穿超高科技专用"泳衣"，仰泳能力首屈一指

> 打理这身"泳衣"（皮毛）需要5个小时呢。

夺冠毫无悬念？！

海獭

焦点选手

选手档案

游泳	■■■■■	耐寒	■■■■■
斗志	■■■■■	体力	■■■■■
灵活性	■■■■■		

出生地	加拿大
饮食习惯	常吃海鲜（虾夷扇贝）
性格分析	活跃的贪吃鬼

　　擅长游泳的动物很多，可说到擅长仰泳的动物，范围一下就缩小到海洋哺乳动物了。其中，有望夺冠的是海獭。海獭每天要用5个小时打理它那身科技含量很高的"专用泳衣"，也就是它的皮毛。**它身上每平方厘米生长着约10万根毛，毛发的浓密程度是哺乳动物之最，还具备保温和防水功能。**它是鼬家族中体形最大的成员，130厘米的高个子也很有优势。因为肺活量大，海獭会在潜入水下后闭合鼻孔和耳朵，畅快地游泳。

预测 面对夺冠最大热门海獭，鱿鱼能否爆冷摘金？

海獭用长着蹼的后腿游泳，时速能达到 8 千米（人类游泳时速约 6 千米）。由于前脚趾退化，海獭不容易做出身体贴近池壁的姿势，比赛开始时可能会失误。另外，它睡觉时习惯把海草缠到肚子上，以免自己被水流冲走。比赛时，不知道它会不会下意识地把泳道线缠到身上。

海獭的对手是擅长仰式潜泳的鱿鱼。为了逃离天敌海獭，它可能会大幅刷新该项目的最好成绩。

水上项目

主要参赛选手

△	▲	○	◎
鱿鱼	企鹅	海豚	海獭

结果 出乎意料的休闲赛况！

参赛选手们都到齐了！
金牌将会花落谁家？

比赛开始！

漂浮

我说，各位选手？现在是在比赛中呀！

铜	银	金
企鹅	海獭	鱿鱼

比赛在悠闲的氛围中结束，最终是鱿鱼爆冷夺冠。

它拼命地游，以绝对优势赢得了比赛！

奥运会纪录是多少？ 2016年，瑞安·墨菲（美国），51秒97（男子100米仰泳）。奥运会的仰泳比赛包括100米和200米这两个项目。

61

| 水上项目 | 比赛项目 |

游泳－蛙泳

Aquatics | Swimming Breaststroke

比赛采用四肢左右对称划水、蹬水的蛙泳泳姿。因姿势类似青蛙游水而得名。

雨蛙力争攀登6000多种蛙类的顶峰！

焦点选手

感觉超赞！

金牌是我的囊中物！

雨蛙

选手档案

游 泳	■■■■■
毅 力	■■■□□
跳 跃	■■■■□
体 力	■■■□□
强壮程度	■■■■■

出生地	日本
饮食习惯	喜欢吃小虫子
性格分析	亲人，不怕生

会蛙泳的动物基本上只有人类和蛙，所以这项比赛是蛙的专场。然而全世界大约有6000种蛙，令选拔委员会伤透了脑筋。一辈子生活在水里、游泳速度很快的非洲爪蟾起初被视为最有望夺冠的选手，但蛙泳比赛要求选手出发和折返时头的一部分必须露出水面，否则会被取消比赛资格，非洲爪蟾因此落选。最终，雨蛙成为最有实力夺冠的焦点选手。

预测 身为游泳能手，却喜欢陆地胜于水下

做好预备姿势后，在出发的哨声响起前必须静止不动。稍微动一下就会失去比赛资格。雨蛙的强项是**长有吸盘，可以保持静止不动**。在出发前的这段时间里，它还能让体色接近周围的颜色，使自己不易被对手发现。

雨蛙夺冠的隐患是它**习惯在树上生活（树栖）**。尽管它擅长游泳，骨子里却总想尽快上岸。雨蛙因爬到泳道线上而被警告的情况常有发生。

主要参赛选手

△	▲	○	◎
箭毒蛙	溪树蛙	赤蛙	雨蛙

水上项目

结果 独霸领奖台？

第2道 赤蛙

蛙泳比赛就要开始了！
第1道 雨蛙

一大排

第3道 溪树蛙，
第4道 箭毒蛙，
第5道 黑斑蛙……

什么全是蛙

……干脆直接把蛙泳冠军颁给蛙好了。

铜	银	金
溪树蛙	赤蛙	雨蛙

蛙类运动员独霸领奖台！

蛙泳这个项目果然是蛙的专场啊。

奥运会纪录是多少？ 2016年，亚当·皮蒂（英国），57秒13（男子100米蛙泳）。奥运会的蛙泳比赛包括100米和200米这两个项目。

| 水上项目 | 比赛项目 |
游泳-蝶泳
Aquatics | Swimming Butterfly

采用双臂前后运动,同时上下打腿的泳姿的比赛。最初是蛙泳的特殊形态,后成为独立的比赛项目。

用相当于时速43千米的**超高速蝶泳**游完全程

焦点选手

> 大家常说我游泳时"面不改色"。

最强实力,毋庸置疑
大型蚤

选手档案

游 泳	▰▰▰▰▰	毅 力	▰▰▰▱▱
呼 吸	▰▰▱▱▱	体 力	▰▰▰▰▱
强壮程度	▰▱▱▱▱		

出生地	美国
饮食习惯	常吃小型浮游生物
性格分析	开朗活泼

在人类世界的游泳课上,蝶泳是最后学习的一种泳姿,需要较强的运动天赋和足够的体力,不经过训练很难学会。本以为整个动物界找不出一个会蝶泳的成员,没想到差点漏掉一位实力非常雄厚的选手。而且,其实世界各地的小水洼里都能看到它的身影,它就是大型蚤。大型蚤用两条前腿同时向左右两侧划水,泳姿充满了力量和美感!

预测 让小鱼们大吃一惊的超高速蝶泳

大型蚤强有力的泳姿令小鱼们直呼"了不得"。人类蝶泳的速度是一次划水时速 6.5 千米,而**大型蚤一次划水的时速能达到 43 千米**。把大型蚤换算成人类的个头,就相当于每秒前进 12 米。也就是说,2 秒就能游完半条泳道。

顺便一提,水蚤界也有很多游泳健将。除了擅长蝶泳的大型蚤,还有擅长狗刨式游泳的剑水蚤、擅长自由泳的贝蚤。

主要参赛选手

△	▲	○	◎
雕鹗	飞鱼	蝶齿鱼	大型蚤

水上项目

结果 咦,它在哪里?

啪嗒啪嗒啪

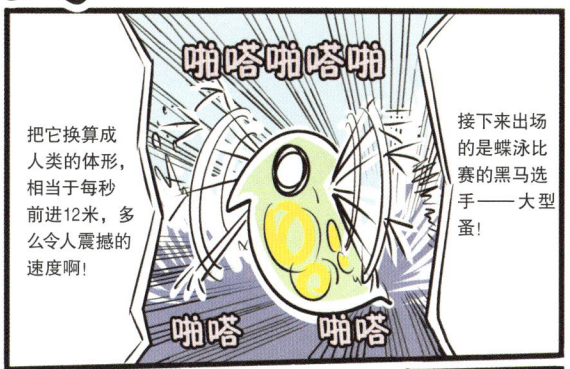

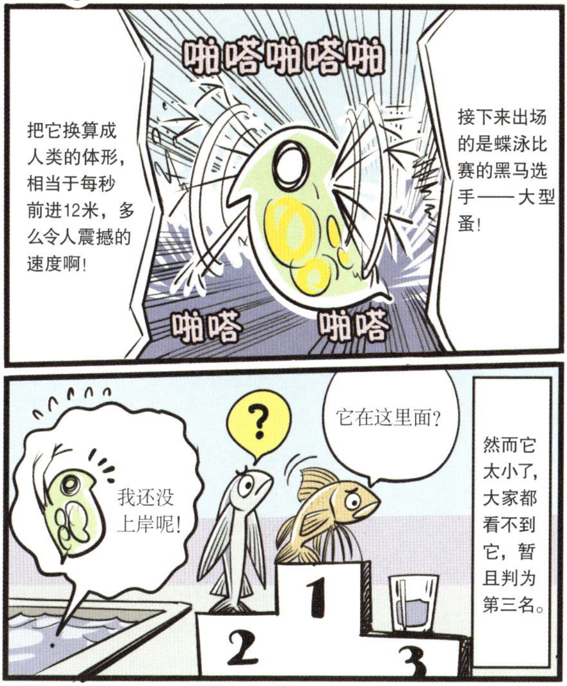

接下来出场的是蝶泳比赛的黑马选手——大型蚤!

把它换算成人类的体形,相当于每秒前进12米,多么令人震撼的速度啊!

啪嗒 啪嗒

我还没上岸呢!

？

它在这里面?

然而它太小了,大家都看不到它,暂且判为第三名。

铜	银	金
大型蚤	飞鱼	蝶齿鱼

大家都看不见个头极小的大型蚤,搞不清它是第几名。

于是,金牌最终颁给了蝶齿鱼。

奥运会纪录是多少? 2021年,凯勒布·德雷斯尔(美国),49秒45(男子100米蝶泳)。奥运会的蝶泳比赛包括100米和200米这两个项目。

65

| 水上项目 | 比赛项目 |

跳水-10米跳台

Aquatics | 10m Platform Diving

从距离水面10米的跳台跳入水中，按照翻腾、转体等动作的得分排名。

焦点选手

快而优美！

凭借卓越的飞行能力和安全气囊功能克服冲击力！

速度与艺术性兼有的跳水！

褐鲣鸟

选手档案

游　泳　■■■■■　毅力　■■■■■
飞　行　■■■■■　体力　■■■■■
强壮程度　■■■■■

出生地	加拿大
饮食习惯	爱吃沙丁鱼等
性格分析	过于自信

这个项目最受关注的选手是褐鲣鸟。从几十米的高空发现鱼群后，它会像导弹一样急速俯冲入海，最高时速可达110千米。如果一般生物以这个速度入海，会在冲击力的作用下当场死亡，而堪比精密器械的褐鲣鸟将入海角度精确地控制在90度，还配有特殊的"安全气囊"，能够缓解入水时受到的冲击力。不仅如此，它入水时身体呈纺锤形，不会溅起水花，动作具有很高的艺术观赏性。

预测 家庭纷争堪忧，但没有能构成威胁的对手

褐鲣鸟唯一的隐患是，自己孵出来的雏鸟中，有一只必定会**杀死其他雏鸟**，所以雌鸟一次只能养育一只雏鸟。家庭纷争和缺乏继承人的问题令人担忧。

除了褐鲣鸟，树懒也是一种会从高处跳入水中的动物。当它们快被雕等天敌捉住时，会保持当时的姿势掉进水里。不过，它们的下落姿势缺乏艺术性，每次入水都会溅起很大的水花，恐怕很难拿到高分。

主要参赛选手

△ 树懒　▲ 帽带企鹅　○ 阿德利企鹅　◎ 褐鲣鸟

水上项目

结果　优美而低调的跳水

咻　噗通

树懒选手豪爽地跳入水中！

嗖　噗通噗通

跳水姿势太美，以至于谁也没有注意到褐鲣鸟。

旅鼠选手！集体跳水会失去比赛资格的！

铜 树懒　银 阿德利企鹅　金 褐鲣鸟

褐鲣鸟入水非常安静，甚至谁也没注意到，艺术性也很高，这块金牌实至名归！

树懒选手已经很努力了。

了解这项比赛的更多知识！ 奥运会的跳水比赛包括3米跳板、10米跳台、双人3米板、双人10米跳台这4个项目。

水上项目 | **比赛项目** | # 花样游泳
Aquatics | Artistic Swimming

配合着音乐在水上做出动作,比拼同步性和艺术性的项目。

能否展现出堪称艺术的"神同步"?!

捕猎后,一定要用凉爽的空气给身体降温!

焦点选手

能否打破霸主海豚的称霸局面?!

海狮

选手档案

同步性	■■■■■	毅力	■■■■□
艺术性	■■■■□	体力	■■■■■
游泳	■■■■□		

出生地	美国
饮食习惯	常吃海鲜(乌贼等)
性格分析	开得起玩笑

这个项目不仅考验踩水技术,还非常强调整体的一致性。大家关注的焦点是海狮队。它们在集体捕猎时表现出了较高的团队合作能力和运动天赋,在海洋哺乳动物中当属第一。捕猎后,它们的体温会因剧烈运动而升高,于是会一起把鳍肢伸出水面,用凉爽的空气给身体降温。这一景象堪比艺术!为水族馆表演的海狮队还会刻苦练习,这份进取心和拼搏精神也很适合参加比赛。

水上项目

海狮的这些地方很厉害!

海狮和海豹在表现力上不同

海狮和海豹的体形和游泳姿势有着细微的差异。海狮用硕大的前肢划水游泳,所以游得快,能急转弯,可以随心所欲地表演;海豹游泳用的是后肢,不是小小的前肢(鳍状肢),不能像海狮那样做出精细的动作。

独家曝光!
被裁判员警告

水獭、河马、貘等生活在水边的动物会在干净的水里拉便便,以此做标记。海狮也不例外。只要泳池换了新水,它们肯定会在比赛前往水里拉便便。不仅如此,上岸后,它们在岩石下面也要拉一泡,为此经常被裁判员严重警告。

训练场景

> 海豚队和海狮队在水族馆的表演中也是竞争对手呢。

> 这场世纪大战的结果将会如何?

被海豚队高水准的表演震撼的海狮队。"这下估计够呛,但我们不想输。"(海狮)

预测 **用稳定的发挥挑战霸主海豚**

海狮不在意别人的目光，在任何情况下都能发挥出实力，稳定地完成表演。因为花样游泳的一些表演要倒立在水中，选手通常佩戴鼻夹以防止水流进鼻子，而海狮的**鼻孔可以闭合**，所以不用担心鼻夹影响美观。

值得关注的是，成长最迅速的海狮队能否在本届比赛中打破海豚队称霸的局面。最令人担忧的是海狮沙哑的嗓子，即使是雌性海狮，声音也像喝多了酒一样嘶哑。不知道它们的口号声会不会给裁判员留下负面印象。或许它们在参赛时应尽量减少不必要的对话，时刻注意保持自己的形象。

主要参赛选手
◎海豚
○海狮
▲火烈鸟
△鳀鱼

咬牙训练！
1、2、3、4！

海狮

我们擅长整齐划一地抬腿。

火烈鸟

我们成群游泳时，真的很漂亮哦。

海豚

鳀鱼

大家一起表演，超开心！

70

水上项目

铜	银	金
鲲鱼	海豚	海狮

结果 — 胜利的姿势？！

火烈鸟队

海狮队

花样游泳比赛的竞争非常激烈！

海豚队

这是团队合作的胜利。

掌声如潮　掌声如潮

哇

在势均力敌的比赛中，海狮队凭借精彩的表现夺冠！

我们经常这样晒日光浴呢。

啊——真舒服呀

那个，比赛已经结束了呀？

动物小剧场

海豚表演技艺高，不敌海狮配合好。只要踏实肯努力，晒着太阳拿第一。

了解这项比赛的更多知识！ 花样游泳包括双人项目和集体（8人）项目，都只限女性运动员参加。

水上项目 | 比赛项目 | 水球
Aquatics | Water Polo

7名选手组成一支队伍,两支队伍一面游泳,一面抢球,设法将球射入对方球门而得分。

超适应水下生活,身穿"泳衣"挑战水下格斗!

一听到流水声,就有种建水坝的冲动。

焦点选手

凭借团队合作和意志取胜!

河狸

选手档案

游　　泳	★★★★☆	性　　情	★★★☆☆
建　　筑	★★★★★	体　　力	★★★★☆
强壮程度	★★★★☆		

出生地	加拿大
饮食习惯	素食主义者
性格分析	认真严谨,意志坚定

在选拔这个项目的参赛选手时,不仅要看选手能否在水下自如地活动,还要看它们的好胜心有多强。于是,河狸就成了我们关注的焦点选手。它们虽然是啮齿类动物,却完全适应水下生活,**脚上长有蹼,大大的尾巴像鱼鳍一样**。家庭成员之间感情深厚,关系和睦。河狸还能用**手灵巧地抓住东西**,很适合打水球。它那被铁元素染成橘黄色的门牙也能经受住猛烈撞击。

预测 沉不住气的性格是通向胜利途中的隐患

河狸常被认为是性情温和、胆小的动物，但其实它们的**脾气很暴躁**。河狸发脾气时，会用尾巴使劲拍打水面，有时被郊狼等天敌惹急了，还会扑上去咬死它们。

河狸太爱修补自己建造的水坝了，这或许会影响赛场上的发挥。一听到流水声，它们就沉不住气，无论如何也要去修水坝。赛事主办方担心它们会把球门横梁咬下来，拿去做修补水坝的木材。

结果 密不透风的防守

水球决赛正式打响！霸主河狸队对战最灵活的水獭队，获胜的将会是哪支队伍？

喂

球门

请你们先把那个窝挪走……

尽管放马过来吧！

水上项目

主要参赛选手

△ ▲ ○ ◎
长鼻猴　麝鼠　水獭　河狸

铜	银	金
麝鼠	河狸	水獭

河狸们一心惦记着修水坝，没有把注意力放在比赛上。

球门柱也被它们当成木材啃了！

了解这项比赛的更多知识！ 比赛在长30米、宽20米、水深2米以上的泳池中进行。这是一项非常激烈的运动，也被称为"水下格斗"。

动物专栏　　　　　　　　　　　　　　　　　　　　　　　　　　Animal Column

动物集训

动物的有些行为是与生俱来的本能，不用教就会；有些则是由父母传授给孩子，在学习和练习的过程中转化成自己的本领。下面介绍几则动物在集训中学习、掌握本领的事例。

运用各种方法提高自身能力

不是所有动物生来就具备很强的运动能力。有些动物像运动员一样，在集训中提高自身的能力。

它们当中，有的由父母组织严酷的训练，有的在和兄弟姐妹或伙伴玩耍的过程中自然而然地提高了能力，有的动物群体中有专门负责教育的成员，有的则靠自己的努力激发潜能。

提高运动能力、制订捕猎战略、逃脱天敌的追捕……这些方面做得越好，动物活下去的概率越大。因此，动物对待集训都非常认真。

集训中的佼佼者是世界上跑得最快的猎豹

猎豹等猫科动物的训练课程都是由母亲教授给孩子。它们擅长教育，指导时很温柔，从不生气。母猎豹会先亲自捕捉一只猎物，等猎物的力气所剩无几时，放开猎物让幼崽去捕杀。幼崽会在这种简单的模仿中逐渐掌握捕猎的本领。由此可见，猎豹的教育方针是通过让幼崽体验成功的喜悦来激发它们的捕猎热情，通过表扬促进幼崽能力的提升。

猎豹

海狗下海前的山中集训

海狗是哺乳动物,虽然它们的前肢进化成鱼鳍状,但没有鳃,只能用肺呼吸。它们如果不练习游泳换气技能,就会溺水而亡。因此,出生不久的海狗宝宝会在入海口慢慢练习、慢慢学会游泳。

然而,生活在新西兰的海狗们不敢这样做。聪明的虎鲸潜伏在入海口,这让海狗只得把幼崽带到和大海相反方向的山里,在瀑布的深潭中进行游泳集训。等幼崽学会游泳再走出大山下海。这是新西兰海狗世代都会前往的特别集训地。

> 它们的蹦极集训都是因我而起,真是对不住。

北极狐

> 海狗的鳍状肢比我们的还长,耳朵也很显眼。

海狮

白颊黑雁的蹦极集训

生活在格陵兰岛上的白颊黑雁以世界上最残酷的集训而闻名。它们不想让北极狐等天敌抢走自己的蛋,于是把巢建在海拔 120 米以上的悬崖峭壁上。雏鸟从蛋里孵化出来后,父母就在雏鸟面前轻盈地从悬崖上飞到崖底,并催促雏鸟跟着飞下去。羽毛尚未丰满的小雏鸟鼓起勇气,从悬崖跳下去,在和岩石的磕碰中迅速坠落 120 米。即使雏鸟体重轻,身体柔软有弹性,但如果磕碰的位置不好,也会一命呜呼。白颊黑雁在出生不久就不得不参加这种生死一线的终极蹦极集训。

75

狮子会把孩子推下悬崖？

关于动物的严厉教育，在日本有这样一句俗语——"狮子把孩子推下悬崖"。意思是狮子会把孩子推到谷底，只养育从谷底爬上来的强壮的孩子。也就是说，百兽之王是从严酷的教育中诞生的。

不过，在现实中，狮子的主要栖息地是草原和森林，它们不会在幼崽爬不上来的深谷附近养育孩子或集训。

不仅如此，雄狮还非常溺爱自己的幼崽，无论它们做什么都不生气，绝对不会把自己的幼崽推到谷底。

这样看来，白颊黑雁只养育出生后跳下120米悬崖还幸存下来的雏鸟，它或许比狮子更适合百兽之王的称号。

> 小心脚下打滑掉下去哦。

鬣(liè)羚

> 我们睡在悬崖上，但是不会掉下去。

狮尾狒

> 为了逃离天敌的追击，我也经常从树上跳进水里呢。

> 咦？树懒先生，你也会游泳啊。完全想象不出你运动的样子。

第3章

室内项目
Indoor Competition

集力量与技术于一身、个性十足的动物将在体操、摔跤、柔道等项目中展开巅峰对决。最终金牌会花落谁家？

| 室内项目 | 比赛项目 | **体操-吊环**
Indoor Competition | Gymnastics Rings

手拉吊环,悬在空中表演的体操项目。吊环不固定,只靠手臂支撑身体。仅限男运动员参加。

焦点选手

双臂交替摆动攀树前行,日复一日,刻苦训练

> 在树上待惯了,下地走动多麻烦啊。

"臂行"专家

长臂猿

选手档案

力 量	■■■■□	毅 力	■■■□□
平衡感	■■■■■	体 力	■■■□□
臂 行	■■■■■		

出生地	马来西亚
饮食习惯	素食主义者
性格分析	容易沉浸在自己的世界里

人类是灵长类动物中握力最弱的成员,明明和猿同属于一个大家族,却难以靠握力悬挂在空中。而最擅长这个动作的就是这个项目的焦点选手——来自东南亚的长臂猿。**"臂行"是长臂猿的拿手好戏,使它可以在林间高速穿梭,比在地面上行走的速度还快。**长臂猿虽然体形小,但和黑猩猩一样,都属于类人猿,没有尾巴。

预测 出众的生理构造最适合参加吊环项目

长臂猿手臂的长度是躯干的两倍，肩膀的关节和锁骨进化成特殊的形态，使得手臂的活动范围很大。不仅如此，它的大拇指退化得很短，"臂行"时只用其他四指抓握树枝，可以实现快速运动。而且，**它的半规管也较发达，因此动态视力和距离知觉都很优秀**。这些生理结构让它在吊环比赛中很有优势。

长臂猿夫妻感情深厚，看到妻子到比赛现场加油助威，长臂猿丈夫会立刻充满斗志。心情激动时，长臂猿会在比赛中发出方圆几千米都能听到的喜悦的吼声。而且是夫妻一起吼叫。

主要参赛选手
△ 蓑蛾　▲ 蝙蝠　○ 黑猩猩　◎ 长臂猿

室内项目

结果 太喜欢在树上待着了……

翻转　翻转

使出了连环大招！漂亮！

接下来，长臂猿选手将给我们带来怎样的表演呢？

1小时后……

咦？它是睡着了吧。

这个……长臂猿的这套动作还没结束……

铜	银	金
蝙蝠	黑猩猩	长臂猿

长臂猿终于落地，结束了漫长的表演。

它的表现真是太精彩了。

了解这项比赛的更多知识！ 男子竞技体操包括自由体操、鞍马、吊环、跳马、双杠、单杠这6个项目。女子竞技体操包括跳马、高低杠、平衡木、自由体操这4个项目。

| 室内项目 | 比赛项目 | # 体操-鞍马

Indoor Competition | Gymnastics Pommel Horse

在形似马鞍的器材上，用双臂支撑身体完成各种动作，仅限男运动员参加。

焦点选手

不许叫我貉！

把倒立撒尿的习性
运用到比赛中

展现最迷人的倒立！

藪犬

选手档案

倒 立	■■■■■	毅 力	■■■■■
敏 捷	■■■■■	体 力	■■■■■
性 情	■■■■■		

- **出生地**：巴西
- **饮食习惯**：常吃老鼠和小鸟，偶尔吃水豚
- **性格分析**：有点小坏的大叔性格

　　单腿或交叉腿的摆动、各个方向的移位、身体水平旋转的全旋、表演最后的落地……这个项目的动作种类很多，难度也相当高。受关注的焦点选手是来自南美的藪(sǒu)犬。虽然它名字里有个"犬"字，但外形像貉一样丑萌，是犬科动物中最原始的成员。它四肢短小，骨骼粗壮，还长着蹼，因此和地面接触面积较大，有很强的稳定性。最具特色的是它用前腿倒立撒尿来做标记的习性。

预测 正在雌性的指导下接受倒立特训！！

薮犬属于近危物种，身上有很多未解之谜，竞争对手对它们也没有任何提防。薮犬性情粗暴，通过捕捉比自己个头更大的猎物证明自己的犬生价值。不过，薮犬参赛面临一个问题：**擅长倒立的是雌性**。雄性做记号时会像狗一样只抬起一条腿。很多运动分析师预测，将来这项比赛一旦增设女子项目，薮犬将独揽前三名。

薮犬夫妻感情很好，妻子给丈夫当专属教练的情况应该会很常见。

结果 改不掉的老毛病

主要参赛选手
△ ▲ ○ ◎ 亚 臭 薮 海 洲 鼬 犬 狗 象

室内项目

铜	银	金
亚洲象	臭鼬	海狗

嗯？

滴答

看它最后一个动作，从高处……

体操比赛鞍马项目，薮犬选手完成了倒立！这个动作太优美了！

呼

哇啊啊啊

做记号！夺冠稳了！

笔直

是出局稳了！

喂

薮犬因撒尿失去了比赛资格。

它把雌性的习性完全照搬过来了呀！

了解这项比赛的更多知识！ 竞技体操的男子6项和女子4项都包括团体赛、个人全能和个人单项。鞍马是通过转体、摆腿等动作比拼力量与美的男子竞技项目，在比赛中停顿或落地会被扣分。

81

室内项目 | **比赛项目** # 艺术体操

Indoor Competition | Rhythmic Gymnastics

手持绳、圈、棒、带等轻器械，配合音乐在边长13米的正方形场地上表演。

焦点选手

有着"爱美之心" 却显得有些滑稽

平衡感超群！

为你们献上美轮美奂的演出！

鹈鹕

选手档案

游泳 ■■■■■　飞行 ■■■□□
捕食 ■■■■□　体力 ■■■■□
配合度 ■■■■□

出生地	土耳其
饮食习惯	常吃鱼
性格分析	喜欢被关注的感觉

　　大多数鸟都有一颗"爱美之心"。从它们艳丽的羽毛、夸张的求爱舞蹈、悦耳的啼叫声中可以感受到它们独具特色的审美。在比拼艺术性的艺术体操比赛中，鹈鹕是大家关注的焦点。**成群的鹈鹕会围成圆环捕鱼**，这种团队配合正体现了艺术体操中团体赛的美感。特别是白鹈鹕身上缀有雅致的粉黄色，颜值很高。鹈鹕有着巨大的喙（tí hú），不仅能像渔网一样捕鱼，还能挠背，灵活又实用。

预测 纤细、优美又滑稽的表演

鹈鹕每只脚上有 3 片蹼，比鸭子多一片，稳定性更好。它的喉囊也很有特色，天气炎热或求爱时晃动喉囊的样子像体操表演一样细腻优美，还有一点幽默。

鹈鹕的**身体重心在胃部**，即使吞下很多鱼也能平稳地飞行。考虑到这一点，不知道它会不会在比赛前过于放松，不小心吃过头，导致比赛时动作迟缓。

主要参赛选手

△	▲	○	◎
火烈鸟	旅鼠	灰棕鸟	鹈鹕

室内项目

结果 搞笑的鹈鹕舞

铜	银	金
火烈鸟	旅鼠	鹈鹕

一不留神忘记它是在比赛了。

真是一段欢乐的舞蹈。说不定能得高分呢！

非常感谢鹈鹕小姐为我们带来助兴表演！

开什么玩笑！我也是选手！刚才是出场比赛！

那么，接下来的比赛是……

哈哈哈 好奇怪的舞蹈

了解这项比赛的更多知识！ 体操可分为竞技体操、艺术体操和蹦床这三大类。其中，艺术体操设有个人全能赛和团体全能赛两个项目。

室内项目 | 比赛项目 | 蹦床

Indoor Competition | Trampoline Gymnastics

在蹦床上进行高难度空中表演的体操项目，根据难度、完成度及腾空时间打分。

焦点选手

空中平衡能力在哺乳动物界名列第一

我还能顺便抓只鸟呢！

实力一流！

狞猫

选手档案

跳跃	■■■■■	毅力	■■■■□
平衡感	■■■■■	体力	■■■■□
敏捷	■■■■■		

- **出生地**：卡塔尔
- **饮食习惯**：爱吃老鼠和小鸟
- **性格分析**：严于律己，急脾气

　　独自捕猎的猫科动物运动天赋出众，惊险的高难度动作是它们的拿手好戏。不过，老虎等大型猫科动物都是动作灵敏度欠佳的力量型选手，不适合本项目。于是，大家的关注点聚焦到了来自非洲的狞猫。没有蹦床，狞猫也能**轻而易举地垂直跳跃3米多高**，并且能在空中调整姿势。它的绝活是一次腾空能从鸟群里捉住好几只鸟。

84

预测 拥有浓密的耳毛，时尚度满分

蹦床不仅需要技术，还很看重动作的"华丽程度"。狞猫是"时尚先锋"，**耳尖上长着一撮浓密的毛**，给它增加了不少印象分。狞猫的尾巴也比较长，能更好地衬托出动作的姿态，得到的技术分肯定不低。

狞猫**有着好胜的性格，敢从胡狼和鬣狗的嘴下抢食物**。在比赛中，它说不定会把对分数的不满发泄到裁判员身上，比如用语言恐吓裁判员。

主要参赛选手

△ ▲ ○ ◎
高角羚　跳羚　薮猫　狞猫

室内项目

结果 有一种才能叫"华丽"

铜	银	金
跳羚	狞猫	薮猫

接下来出场的是……

非常完美！狞猫选手暂时领先！

蹦　蹦

成功了!!

金牌直接给它好了。

凭什么啊？！

哇 哇

好的

薮猫选手！

呀 哇 薮猫加油

薮猫凭借"华丽的造型"获得高分，超过了狞猫！

除了技术，优美的身姿也很重要啊！

了解这项比赛的更多知识！蹦床从2000年起成为奥运会正式比赛项目，只有男女个人赛项目。

85

| 室内项目 | 比赛项目 | **击剑** |

Indoor Competition | Fencing

发源于欧洲的对抗类竞技项目，以中世纪骑士的剑术为原型。在花剑和重剑项目中，只有刺击有效。

焦点选手

> 用我尖锐的上颌敲打，绝不留情！

时速100千米！
水下速度最快的鱼
带来超高速剑法对决！

剑法天下第一！

旗鱼

选手档案

敏捷 ■■■■■ 毅力 ■■■■□
游泳 ■■■■■ 体力 ■■■□□
强壮程度 ■■■■□

出生地	巴布亚新几内亚
饮食习惯	爱吃小鱼和乌贼
性格分析	施虐狂

　　参加这个项目的动物善用细剑刺击，而非用刀斩击。其中最拔尖的是旗鱼。旗鱼体形庞大，大型旗鱼全长4米，体重达700千克。其中，平鳍旗鱼是**游速最快的鱼**，时速能够达到100千米以上。如果用这个速度，只需要0.5秒就能从比赛场地的一端跑到另一端（场地为长14米的细长剑道）。细长锋利的上颌是旗鱼的武器，它将用凌厉的剑法力压对手。

预测 只敲打不刺击，或影响比赛成绩

旗鱼的剑（吻部）结构特殊，强度和哺乳动物马的粗壮的骨骼差不多，不容易折断。剑的尖端也很锋利，要是刺入天敌鲨鱼身上，肯定会给后者造成致命伤。

然而，旗鱼不是用这把剑刺击。**一旦发现要捕食的鱼、乌贼或螃蟹，旗鱼就用剑狠狠地敲打猎物**。即使猎物昏厥了，它们仍会固执地敲打后再吃掉。这种不绅士的行为在击剑比赛中会拿到红牌。

室内项目

主要参赛选手

△	▲	〇	◎
杰克森变色龙	黑犀	一角鲸	旗鱼

结果 意想不到的"剑锋"对决！

铜	银	金
黑犀	旗鱼	一角鲸

旗鱼对战一角鲸！梦幻般的对决！

喂，这不是要比谁的剑更好看！

是吧？我也这么觉得。

哎！我认输……你的剑好漂亮啊。

旗鱼和一角鲸，这两名选手好像过于关注剑的外观了。

这可不是一项靠颜值就能获胜的比赛。

了解这项比赛的更多知识！ 击剑包括3个项目：先攻者有优先进攻权的花剑；起源于决斗、先刺中的一方得分的重剑；以及起源于骑兵战的佩剑。击剑比赛注重骑士精神，赛前双方需要相互敬礼。

87

室内项目 | 比赛项目　摔跤

Indoor Competition | Wrestling

双方徒手相搏，使对方双肩触及垫子1秒以上（双肩触地）的一方获胜。

焦点选手

问我们为什么不动嘴？因为看到血会害怕啊！

用庞大的身躯压倒对手！

在公平竞赛中夺金！

圆鼻巨蜥

选手档案

力　量	▰▰▰▰	好胜心	▰▰▰▰▰
地面技巧	▰▰▰▰▰	体　力	▰▰▰▰▰
敏　捷	▰▰▰		

出生地	缅甸
饮食习惯	常吃老鼠、小鸟、蛋
性格分析	莫名其妙地发脾气

摔跤运动员要反应灵敏，有坚持到底的体力、好胜心和公平竞赛的意识。其中，大家关注的焦点选手是圆鼻巨蜥。**在和对手有一定距离时，身体重心低更有优势**，因此有很多矮小的动物入围摔跤比赛。不过，圆鼻巨蜥是**体长2.5米、重25千克的大块头**。两只处于繁殖期的雄性圆鼻巨蜥相遇时，不会互相撕咬或抓挠，而是用后腿站起来互搏，像摔跤一样试图将对方推倒。最终，输掉的一方会离开。

预测 名叫"黑色恶魔",其实相当正直?

圆鼻巨蜥采用的是古典式摔跤,不进攻对手腰以下的部位。而且,进入搏击状态后,不容易分出胜负,双方会在中间休息后继续比赛。圆鼻巨蜥的绰号叫"黑色恶魔"。正如这个绰号一般,它外表看起来非常可怕,但其实在比赛时很有体育精神。

松鼠科的成员蒙古旱獭也会用蒙古摔跤一决高下,它们在摔跤时不用牙咬,不用爪挠,而是按照竞技规则堂堂正正地决胜负。圆鼻巨蜥与蒙古旱獭之间的公平竞技结果将会如何呢?

室内项目

主要参赛选手

△	▲	○	◎
树袋熊	日本貂	蒙古旱獭	圆鼻巨蜥

结果 来自地狱的使者

铜	银	金
日本貂	蒙古旱獭	圆鼻巨蜥

好的,照这个势头,夺冠稳了!决赛的对手是谁?

哇——哇——

太精彩了!蒙古旱獭选手成功晋级决赛!

圆鼻巨蜥选手获得金牌!

我……我弃权。

嘶嘶嘶

是我……

蒙古旱獭临阵脱逃了。

看来"黑色恶魔"的绰号不是吹的!

了解这项比赛的更多知识! 摔跤发源于公元前的欧洲格斗,从古代奥林匹克运动会到今天一直是很受欢迎的项目,分为自由式摔跤和古典式摔跤。

室内项目 | **比赛项目** | # 拳击

Indoor Competition | Boxing

用戴着手套的双拳击打对方的上半身,被击倒的一方判为失败,或者根据分数决定胜负。

和对手拉开距离,后仰出拳!

焦点选手

正在接受教练(螳螂虾)的魔鬼训练!

教练,看着我成长吧!

小袋鼠

选手档案

力 量 ■■■■■
毅 力 ■■■■■
速 度 ■■■■■
体 力 ■■■■■
跳 跃 ■■■■■

出生地	澳大利亚
饮食习惯	素食主义者
性格分析	拼劲不足

拳击是用拳头进行格斗的比赛项目。体力、技术自不必说,能够释放出充足斗志的心理素质也很重要。提到拳击,很多人会想到大袋鼠,但大袋鼠常用踢腿技术,基本都转行去打泰拳了。**体形小的小袋鼠则用拳头决胜负,因此,参与拳击比赛的小袋鼠很多,后备力量也很雄厚。**顺便一提,大袋鼠和小袋鼠不是分类学上的概念,只是对体形的区分。

女粉丝数量大增

大袋鼠生活在荒野，而小袋鼠是生活在城市近郊森林里的"城里人"。年幼的小袋鼠有个英文名叫"Joey"，最近它们的"妈妈粉"数量猛增。小袋鼠手捧着草往嘴里送的模样很受欢迎。但是它们还不习惯反刍（把进入胃里的草返回嘴里再次咀嚼的行为），所以有时会把食物吐出来。

小知识
袋鼠的重量级划分

袋鼠目包括袋鼠科和鼠袋鼠科等，共有100多个种类。下面按各种袋鼠的体形，划分了重量级别。不过，其中一些袋鼠并不擅长拳击。

- 重量级　　　红大袋鼠
- 轻重量级　　灰大袋鼠
- 中量级　　　羚大袋鼠
- 次中量级　　丛林袋鼠
- 轻量级　　　沙袋鼠
- 羽量级　　　短尾矮袋鼠
- 蝇量级　　　鼠袋鼠

室内项目

训练场景

螳螂虾已经退居幕后，现在担任小袋鼠的教练。

它那猛烈的拳击一点也不逊色于现役运动员。

退役运动员螳螂虾被誉为"史上最强的拳击手""活着的传奇"，它能用肉眼看不清的高速拳击碎贝壳。

91

预测 身体后仰和敌人拉开距离，找准时机双拳出击

大多数雄性袋鼠会在繁殖期为争夺雌性而发生争斗。它们不会突然互殴，而是先面对面地后仰身体，展示自己强壮的上半身。如果这样无法分出胜负，才敲响比赛开始的钟声。

小袋鼠习惯交替出拳，击打对手的脸。**和腿相比，它们的手臂相当瘦弱，打出的拳头缺乏杀伤力，而且，双方都不愿意被打到脸，身体大幅度后仰，**于是往往会变成一场软绵绵的拳击比赛。能否在躲避敌方攻击的同时一拳击中要害，也许将是决定胜负的关键。

上届比赛的王者马来熊已经做好万全准备，首次参赛、身怀绝技"喵喵拳"的薮猫也被提名为冠军候选者。

主要参赛选手
◎马来熊
〇小袋鼠
▲黑猩猩
△薮猫

要说身体的灵活性，我不会输给任何动物。

黑猩猩

我这一拳下去，威力可大了！

马来熊

尝尝我的远距离"喵喵拳"！

薮猫

避开敌人的进攻，一拳，一拳，再一拳。

小袋鼠

结果 | **传奇再现**

铜	银	金
薮猫	小袋鼠	马来熊

室内项目

马来熊获得金牌!

啊,这是力量的差距吗?小袋鼠被击倒!

哼,螳螂虾当师父?!还是老老实实趴在寿司上吧。

师父……

徒弟啊,面对劲敌,你已经很努力了,虽败犹荣。

咣当　嘭

螳螂虾师父击倒金牌得主!

小子……别小瞧我,你还差得远呢。

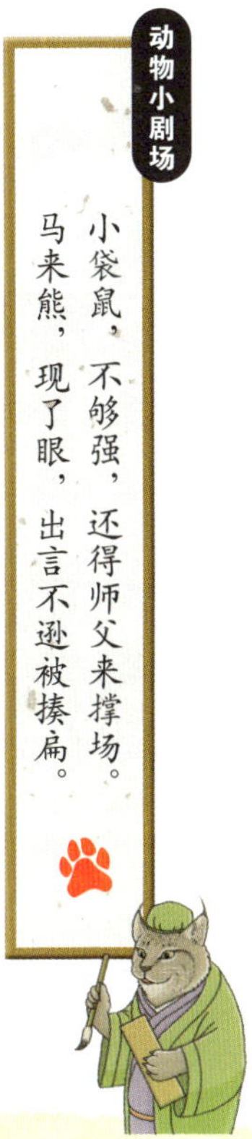

动物小剧场

小袋鼠,不够强,还得师父来撑场。马来熊,现了眼,出言不逊被揍扁。

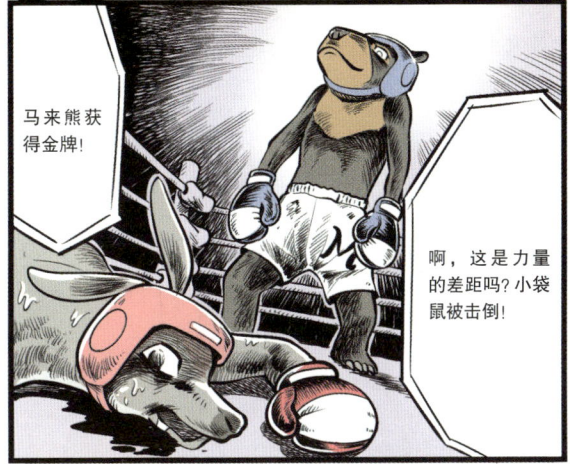

了解这项比赛的更多知识! 拳击比赛按体重分级,职业拳击比赛共分为17个体重级别,业余拳击比赛分为11个体重级别。

| 室内项目 | 比赛项目 | # 柔道

Indoor Competition | Judo

从日本传播到世界各地的格斗项目。运用投技、固技、当身技等技法决胜负。

焦点选手

我们擅长爬树是为了躲棕熊,嘿嘿。

小个子熊打倒大个子熊,向最强的柔道家迈进!

争当最厉害的熊!

美洲黑熊

选手档案

力　　量	■■■■□	毅　　力	■■■■□
地面技巧	■■■□□	体　　力	■■■■□
强壮程度	■■■■■		

出生地	美国
饮食习惯	常吃小动物、树木的果实
性格分析	容易发脾气

　　从扳倒对手的臂力到施展寝技(柔道术语,倒在地上的翻滚角斗技术),柔道需要选手具备强大的综合实力。说到综合格斗能力,动物界第一的称号非熊莫属。这项比赛的焦点选手是美洲黑熊。它的个头比棕熊小一圈,力量也不及棕熊,但能敏捷地爬上树,用智慧对抗棕熊。自然界中也会出现小个头的熊把大个头的熊摔翻在地,用寝技顽强争斗的情形。

预测 谁能扳倒实力最强的北美灰熊？

以美洲黑熊为首的熊家族具有强烈的独占欲，很适合做格斗家。它们**感到恐惧时不会逃跑，反而大发脾气，见谁打谁**，一旦潜力爆发则不可小觑。

实力最强的是来自北美灰熊，它甚至能吃掉美洲黑熊。

主要参赛选手
△ 亚洲黑熊　▲ 美洲黑熊　○ 日本棕熊　◎ 北美灰熊

室内项目

结果 严酷修行的成果

！！ 推
给我老老实实地趴下吧！
北美灰熊选手能使出拿手的寝技吗？

竟……竟然使出了"兔子蹬鹰"！美洲黑熊选手，一招制胜！
唔哇啊
翻滚 翻滚

嗯，算是吧……（我不过是打了几个滚……）
鼓掌 鼓掌
我输了……你一定经历了很严酷的修行吧。

铜	银	金
亚洲黑熊	北美灰熊	美洲黑熊

此前称霸这一项目的北美灰熊被打败了。柔道格局产生巨变！

这场较量正体现了"以柔克刚"。美洲黑熊干得漂亮！

了解这项比赛的更多知识！ 柔道比赛包括男女各7个级别。从2021年东京奥运会起，增设由男女各3人共计6人组成的混合团体赛。柔道不只是一项运动，还代表着一种注重礼节的武术精神。

空手道

室内项目 | 比赛项目

Indoor Competition | Karate

空手道是一门包含踢、打、摔等技术的武术。

一边飞舞，一边攻击对手要害。
看招！"白鹤拳"连环击！

> 是时候释放我的力量了……

焦点选手

直冲鸟类巅峰！
丹顶鹤

选手档案

踢 力	■■■□□	毅 力	■■■■■
飞 行	■■■■□	体 力	■■■■□
性 情	■■■■□		

出生地	中国
饮食习惯	常吃昆虫、鱼、贝类
性格分析	发起火来后果很严重

在熟练掌握踢、打、摔等技术的动物强者中，大家关注的焦点是鹤家族的丹顶鹤。鹤和格斗有缘，中国武术甚至有一种从鹤的行为中得到启发的拳法——白鹤拳。丹顶鹤拥有优秀的动态视力和反应力，身姿轻盈，能够灵活地往返于陆地和空中。体长超过140厘米，翼展可达240厘米。除此以外，尖锐的喙和修长的腿都是它的得意武器。

> **预测** 头顶的红色变深时会变身？！

丹顶鹤轻盈地腾空后紧接着迅猛一踢，**其威力之大，如果人类用肚子接招将会窒息**。它还会先展开大大的双翅威吓对手，将其推进恐惧的深渊，再用喙啄向对手的要害或眼睛。丹顶鹤平时就很强大，而**在育儿期间，它们会变得暴躁**，进入打遍天下无敌手的状态。丹顶鹤的头顶没有羽毛，那一点红色是头皮下血管的颜色。当它生气时，血流加快，头顶愈显鲜红，力量也进一步增强。到那时，就谁也拦不住它了……

> **结果** 不要太暴躁哦！

主要参赛选手

△	▲	○	◎
斑马	白尾海雕	丹顶鹤	双垂鹤鸵

室内项目

铜	银	金
斑马	双垂鹤鸵	丹顶鹤

双垂鹤鸵和丹顶鹤的决赛正在进行！

双方势均力敌！谁将问鼎鸟类之王？

为什么？！

呵呵呵……你这副样子真是有失风度啊！

生气

开个玩笑！

因为你可是"淡定"鹤呀！

哎哟，丹顶鹤的头顶变成血红色了。

这下谁也无法阻止它了。以"鸟类最强"闻名的双垂鹤鸵被打得落花流水。

了解这项比赛的更多知识！ 空手道是2021年东京奥运会新增的项目，比赛由"型"（预定动作表演）和"组手"（对打）两项组成。其中，"组手"设置男女各3个级别。

| 室内项目 | 比赛项目 | # 举重

Indoor Competition | Weightlifting

举重起源于古时盛行的力量对决，有抓举和挺举两种举重方式。

相当于人类举起 1吨重物！

我随时都是全力以赴！

昆虫界的王者参赛！

双叉犀金龟

焦点选手

选手档案

力　量 ■■■■■
毅　力 ■■■■□
投掷力 ■■■■■
体　力 ■■■■□
强壮程度 ■■■■■

出生地	日本
饮食习惯	常吃熟透的果实、树汁
性格分析	不听劝

举重不仅需要肌肉力量，还需要专注力和意志力。于是，大家关注的焦点锁定在了深受孩子喜爱的昆虫——双叉犀金龟（独角仙）身上。双叉犀金龟是一名猛将，它能不假思索地举起眼前的巨大物体，内心非常强大……或者说什么顾虑也没有，吃、睡、投掷是它生活的全部。**它可以举起重量为自己体重20倍以上的物体。**

98

预测 能否控制住"扔东西的欲望"将是成败的关键

双叉犀金龟面临的问题是控制不住"扔东西的欲望"。举重比赛要求杠铃必须在头顶保持一段时间的静止，而双叉犀金龟**常常会下意识地把东西投掷出去。**

它的对手是灵长类中体形最大的大猩猩（雄性），据说大猩猩的体重超过200千克，握力达到500千克。这位选手肌肉力量非常大，但在争斗或较量时，不会使出全力。此外，能搬运相当于自己体重几十倍物体的蚂蚁选手和跳跃高度达到身体高度150倍的跳蚤选手也值得关注。

主要参赛选手

△ 跳蚤　▲ 蚂蚁　○ 大猩猩　◎ 双叉犀金龟

室内项目

结果 坚持不住……

铜	银	金
大锹形虫	跳蚤	蚂蚁

双叉犀金龟的神力名不虚传！

举起!!

哼!

太可惜了！它的老毛病又犯了！

嗖

我扔!

哇——?

大猩猩果然没能在正式比赛中发挥出应有的实力。

领奖台被昆虫军团独占了！

奥运会纪录是多少？ 2021年，109公斤以上级的拉沙·塔拉哈泽（格鲁吉亚），总重量488公斤（抓举和挺举）。

室内项目 | 比赛项目 | **攀岩**
Indoor Competition | Sports Climbing

包括3种比赛形式。其中，速度攀岩是两名选手同时攀登15米墙壁的竞速比赛。

在悬崖峭壁上训练
掉下去就一命呜呼

焦点选手

我的家就在悬崖上！

攀岩专家

狮尾狒

选手档案

力　量	■■■■□	毅　力	■■■■□
平衡感	■■■■■	体　力	■■■■□
执　着	■■□□□		

- **出生地**　埃塞俄比亚
- **饮食习惯**　以素食为主，偶尔吃昆虫等其他食物
- **性格分析**　认真，温和

攀岩是一项主要用双手和双脚支撑身体的运动，需要惊人的握力和臂力，运动员对时机的把握和战略的选择也非常重要。擅长和垂直崖壁打交道的动物出奇的多，而比赛的焦点选手是来自埃塞俄比亚的狮尾狒。它虽然是灵长类动物，却在进化中适应了草原上的生活。为了防止夜间被豹等天敌偷袭，**它睡在谁也爬不上去的极高的峭壁上。**

灵长类动物的握力

灵长类家族的成员有着与其他手指方向相对的大拇指，擅长抓握物体。黑猩猩、大猩猩、红毛猩猩的握力很强，用单手就能悬挂在树上。为此，动物园的围栏造得很结实，承受 500 千克以上的握力也不会变弯。如果一不留神和它们握手了，它们可能会恶作剧般地把人类的手捏碎。

小知识
狮尾狒的交流方式

狮尾狒常常通过声音交流。它的叫声多种多样，极富变化，既有狂躁不安的吠叫，也有温柔的咕哝声。狮尾狒有时用吠叫来威胁敌人，或是争夺异性同伴。遇见对手时，它往往会先狂吠一通，然后将嘴张得大大的，露出长长的尖牙和牙床。

室内项目

训练场景

躺倒
呼 呼
呼噜 呼噜

它们睡在悬崖上似乎是为了躲避天敌。

我觉得睡在这种地方比遇到天敌更危险啊。

狮尾狒的日常生活就像训练。它们睡在峭壁上，不小心摔下去就会一命呜呼。

预测 夺金概率很高，但不喜争斗

狮尾狒从幼时开始，每到傍晚就和族群一起攀登悬崖。岩壁上没有支点、边缘等安全抓手。它们不仅要攀上去，还要在几十米高的峭壁上寻找一处狭窄的地方睡觉，真是勇气可嘉。而且，与脾气暴躁的狒狒相比，狮尾狒**性情温和，不喜争斗**。不知道它们能否在比赛中为获胜拼尽全力。

狮尾狒的对手雪羊选手在攀岩时不能抓握，无法攀登悬垂岩壁（和地面角度大于90度的岩壁）是它的一大难题。另外，如果狮尾狒被分到和它的天敌——豹一组，有可能会因紧张而发挥失常。

主要参赛选手
◎ 狮尾狒
○ 雪羊
▲ 豹
△ 鬣羚

豹

悬崖是我们的护身符。

给你们展示一下我在爬树时练就的本领吧。

狮尾狒

我在悬崖上训练呢。

为了逃离天敌，我平时总在悬崖峭壁上进行行走特训。

鬣羚   雪羊

结果 — 深藏不露的另一面

室内项目
- 铜：鬣羚
- 银：豹
- 金：狮尾狒

雪羊选手终于追上狮尾狒了!

金牌是我的!

微笑

哇呀呀呀

雪羊选手摔下去了!

嘿嘿

打滑

动物小剧场

温文尔雅狮尾狒,龇牙咧嘴似恶鬼。吓得对手脚下滑,轻松抱得金牌归。

了解这项比赛的更多知识！攀岩是2021年东京奥运会的新增项目，下设3个分项。

103

决战足坛!
动物足球世界杯

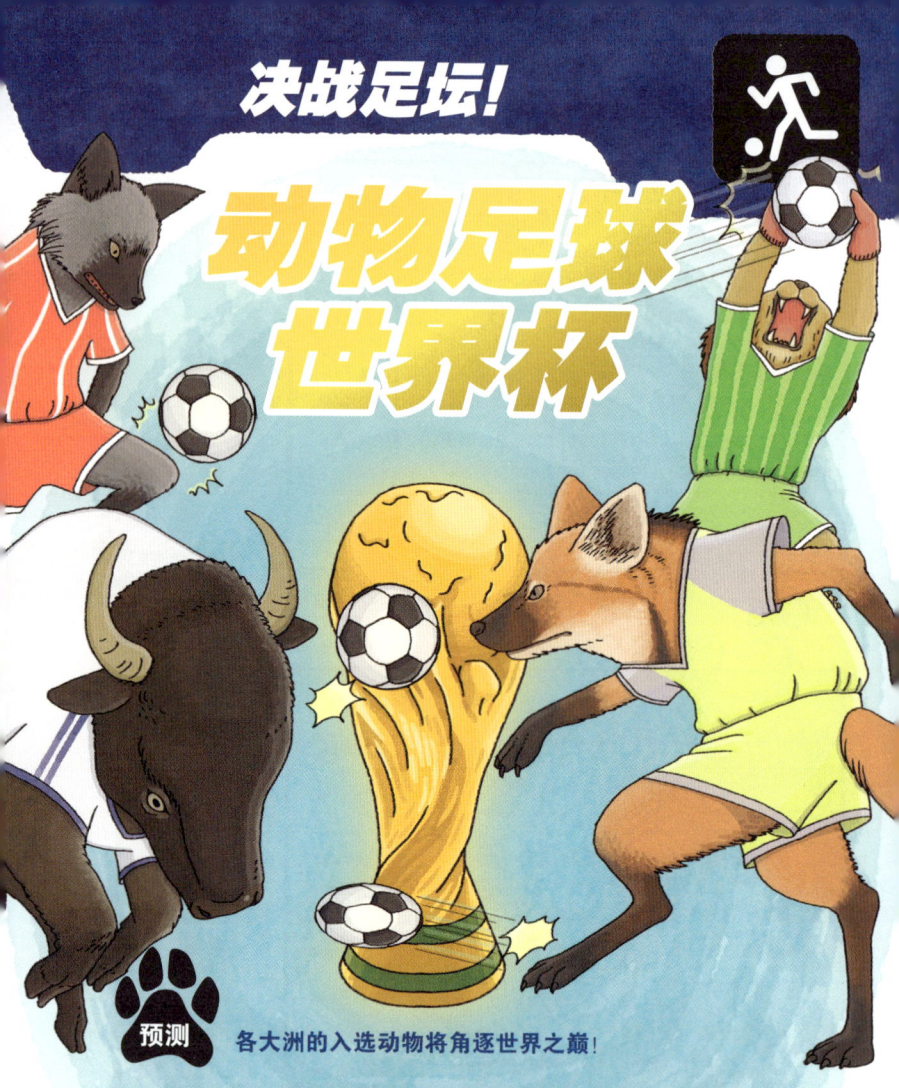

预测 各大洲的入选动物将角逐世界之巅!

四年一度的动物足球世界杯即将在东南亚地区的泰国拉开帷幕。在本届大赛的冠军预测中,主打超高速前锋阵容的非洲队夺冠呼声最高。然而,球员的个人技术和得分能力都很强的南美队,以及拥有众多外援球员的亚洲队也有可能首次夺冠。此外,后防线密不透风的欧洲队和稳扎稳打的中北美队实力也非常稳定,哪支队伍夺冠都不足为奇。本届世界杯将会是一场激烈的混战。

进攻方式花样百出的全能军团!

非洲队

ANIMAL FOOTBALL WORLDCUP | Africa

足球／世界杯

阵型：
- 前锋：非洲野犬、猎豹、薮猫
- 中场：斑鬣狗、非洲野牛、黑犀、蹄兔
- 后卫：倭河马、非洲森林象、蜜獾(huān)
- 守门员：狮尾狒

教练： 狮子（兼任球员）
替补： 前锋 黑曼巴蛇/中场 长颈鹿/后卫 细纹斑马、河马/守门员 大猩猩

战斗力分析

球队以非洲野牛为核心，施展花样百出的传球技术。备受期待的高个儿球员长颈鹿因个头过高、进球能力欠缺而进入替补席，但球队派出实力一流的速度型前锋组合——猎豹和非洲野犬，加上擅长空中战的薮猫和绝不会手球犯规的黑曼巴蛇，相信以大比分赢球不是问题。以110粒进球荣获"百兽之王"称号的传奇教练狮子是可以兼任门将的全能球员，如今依旧活跃在球场上。

严密防守下的快速反击!

欧洲队
ANIMAL FOOTBALL WORLDCUP | Europe

前锋：紫貂
前锋：猞猁
中场：貂熊
中场：银狐
中场：地中海猕猴
中场：欧亚水獭
后卫：麝牛
后卫：欧洲野牛
后卫：驼鹿
后卫：黇(tiān)鹿
守门员：北极熊

教练： 狼
替补： 前锋 兔/前锋 赤羊/后卫 驯鹿/守门员 棕熊

战斗力分析

以"守护神"北极熊为首，麝牛、欧洲野牛、驼鹿、黇鹿组成的防线密不透风、很难突破。从防守向快速反击切换的任务落在了球队的核心成员银狐身上。在最后阶段的猛攻中，擅长头球的赤羊也有机会上场。教练狼是著名的战术家，擅长分析对方球队的弱项，并据此安排出其不意的首发阵容，效果显著。

106

南美队

ANIMAL FOOTBALL WORLDCUP | South America

足球／世界杯

阵容：
- 前锋：美洲豹、鬃狼、长耳豚鼠
- 中场：薮犬、黑帽悬猴、树懒、南美浣熊
- 后卫：羊驼、眼镜熊、水豚
- 守门员：大食蚁兽

教练：犰狳（qiú yú）

替补：前锋 虎猫/中场 赤额猴/后卫 南美貘/守门员 小食蚁兽

战斗力分析

球员各个技术高超，但它们根本不听犰狳教练的指挥，内部经常出现矛盾。门将大食蚁兽在点球大战时，后肢分开站立，前肢伸展呈大字形，死守球门。中场的树懒擅长在禁区附近接球，但在上一场比赛中，它已经因故意拖延时间收到了一张黄牌。智慧型中场球员黑帽悬猴的致命传球，与女粉丝遍布全球的得分王鬃狼的精彩射门都受到各方关注。

队员球技超群，但教练缺乏统率能力！

只要球队团结一心，就能发挥出逆天实力！

中北美队

ANIMAL FOOTBALL WORLDCUP | North & Center America

前锋 美洲狮
前锋 负鼠
中场 大角羊
中场 美洲黑熊
中场 臭鼬
中场 雪羊
后卫 美洲短吻鳄
后卫 加拿大马鹿
后卫 美洲野牛
后卫 白尾鹿
守门员 浣熊

教练：郊狼
替补：前锋 短尾猫、狼/中场 领西猯(tuān)/后卫 驯鹿/守门员 北美棕熊

战斗力分析

个人表现抢眼的球员不多，但球队整体耐力强，能在稳健的防守中伺机反攻。门将浣熊虽然个头小，但双手非常灵活。主力前锋美洲狮的空中截球和头球很出彩。负鼠则擅长在禁区内制造对手犯规，但由于演技过于逼真，有一次队友以为它真的丧命，甚至叫来了救护车，引起场上混乱。但是，教练郊狼和球员狼在战术制订上存在着严重分歧。

亚洲队

ANIMAL FOOTBALL WORLDCUP | Asia

足球／世界杯

阵型：
- 前锋：豺、条纹鬣狗
- 中场：东北虎、大熊猫、马来貘、日本野猪
- 后卫：蒙古野马、亚洲象、亚洲黑熊、小鹿
- 守门员：合趾猿

教练： 日本猕猴
替补： 前锋 金猫、藏羚羊／中场 熊狸／后卫 印度犀／守门员 白掌长臂猿

战斗力分析

亚洲队阵容的平衡性在所有球队中数一数二。大赛排名第一的门将合趾猿吼声洪亮，发出的指令可以传到几千米外，是全队的"守护神"。进攻型边后卫蒙古野马和小鹿平时的运动量很大，是边线进攻中不可或缺的角色。此外，中场大熊猫和马来貘都身怀"魔球绝技"，能让黑白相间的足球顷刻间从对方球员的眼前消失。教练日本猕猴激动地向场上球员下达指示时，脸会变红。

实力极速提升中，本届世界杯的黑马！

109

结果

3胜夺冠 非洲队获胜最多

	亚洲队	非洲队	欧洲队	中北美队	南美队	胜/负/平	净胜球	排名
亚洲队	–	2-1	0-1	1-2	2-2	2/1/1	–1	2
非洲队	3-2	–	2-1	1-2	3-2	3/1/0	2	1
欧洲队	1-2	1-3	–	1-1	2-1	1/2/1	–2	5
中北美队	1-0	1-1	0-1	–	1-2	1/2/1	–1	4
南美队	3-2	1-2	0-1	3-1	–	2/2/0	1	3

1 非洲队
2 亚洲队
3 南美队
4 中北美队
5 欧洲队

总评 正如赛前预测，非洲队最终夺得冠军。亚洲队的表现也很抢眼，获得亚军。南美队在对战欧洲队的补时赛中遭遇绝杀，痛失亚军。中北美队失分不多，但进攻能力有待提高。欧洲队净胜球排名垫底，但场上表现还算中规中矩。下届动物足球世界杯将于4年后在迪拜举行。

决赛 非洲队 对战 亚洲队

什……什么情况？

熊猫绝技！"隐形带球"！

这一招激起了非洲队的怒火。动了真格的非洲队展开一连串猛攻，转眼间赢回3分，最终获得冠军。

怎么可能？

球不见了？

谁也拦截不了非洲野犬和猎豹的高速带球啊。

抢先得分！

站住

大家镇定下来……

啊！

110

第4章

球类项目
Ball Games

在这类项目中,可以看出动物的智慧、动态视力和团队合作能力。和球的互动会让动物发挥出意想不到的能力!

球类项目 | 比赛项目 | 网球

Ball Games | Tennis

对抗双方隔着球网，用球拍将网球击打至对方场地。起源于公元前，在16世纪由法国贵族流传开来。

在球场上疾驰，用迅猛的正手击球拿下胜利！

焦点选手

你的小动作全被我看穿了！

顶级网球运动员

矮脚鸡

选手档案

力　　量	●●●○○	记忆力	●●●●○
机　　敏	●●●●●	毅　力	●●●●●
动态视力	●●●●●		

- **出生地**：越南
- **饮食习惯**：常吃种子、昆虫
- **性格分析**：热情过头

打网球要用到全身上下的肌肉，而其中膝盖屈伸主要使用的股四头肌和正手击球主要使用的胸大肌最为关键，能否用好这两块肌肉对比赛有着决定性影响。大家关注的选手是矮脚鸡。为了飞行，鸟类的**骨骼**进化得很轻，还练就了一身强劲肌肉。而且矮脚鸡**躯体强壮**，不会跌倒。矮脚鸡是雉鸡的一个品种，擅长雉鸡家族的独门绝学——高速闪电步，并将其活用到进攻和防守中。

预测 凭借灵活机敏的动作和动态视力制胜

矮脚鸡个头较小，尾羽总是向上翘起，身形灵活，能在狭小的空间里迅速转身，在近距离连续对打中更有不俗的表现。矮脚鸡的**动态视力比哺乳动物优秀得多**，不仅能精准判断擦边球是否犯规，还能在对手发球的一瞬间看穿其支撑腿的动向和球拍的角度。

在心理素质上，矮脚鸡**好胜心强，绝不会放弃**，面对劲敌也**勇于接受挑战**。美中不足的是它不擅长算数，比赛开始后没过多久就算不清彼此的得分。所以，它可能不擅长根据具体赛况调整场上策略。

球类项目

主要参赛选手

△ 耳廓狐
▲ 维氏冕狐猴
○ 黑猩猩
◎ 矮脚鸡

结果 看招！必杀技

出现了！矮脚鸡选手使出了必杀技"跳跃击球"！

嗵————

该出手时就出手！别小瞧我！看招！

什么？还有这一手！

怎么搞的？！

咯咯哒……跳过头了。

啊！

太近了……

铜 维氏冕狐猴
银 黑猩猩
金 矮脚鸡

矮脚鸡选手跳过头了。

不过瑕不掩瑜，它的优势依然很大。

了解这项比赛的更多知识！ 网球"tennis"一词源于发球时的喊声"Tenez"（法语意为"抓住"）。从第一届奥运会起，网球就被列为正式比赛项目。网球四大公开赛包括澳大利亚网球公开赛、法国网球公开赛、温布尔登网球锦标赛和美国网球公开赛。

| 球类项目 | 比赛项目 | # 篮球
Ball Games | Basketball

每支队伍5名选手用手带球或传球，将球投入对方的篮筐内。

靠全队集体战术
实现快速攻守转换！

焦点选手

遇到大个子对手，我们靠数量取胜！

"红狼"军团

豺

选手档案

敏捷 ■■■■■
毅力 ■■■□□
配合 ■■■■■
体力 ■■■□□
强壮程度 ■■■■□

出生地	印度
饮食习惯	肉食
性格分析	类似特警的性格

在这个大块头球员占优势的项目中，豺个头虽小，却受到了广泛关注。豺属于小型犬科动物，个头和柴犬差不多，却被称作"红狼"[1]，令其他动物闻风丧胆。它们会从虎、豹、熊等动物的手上夺食；在袭击水牛等大型猎物时，它们**做出形似扣篮的动作，集体跳起来咬住猎物的肛门**。豺团结起来，能打倒比自己大得多的猎物，是一个激情澎湃的运动员群体。

1. 准确地说，红狼（Canis rufus）是犬属动物，是另外一个物种。

预测　和同伴结成阵型，用战术驱赶猎物

豺队用"小球战术"[1]弥补个子矮小的缺陷。首先，由于个头矮小，它们在茂密的草丛中行动时，会跳起来寻找猎物。然后，它们排成一横排，一点点前进，把隐藏起来的动物驱赶出来捉住。5头左右的豺组成的群体则能运用篮球中的"挡拆战术"[2]减缓敌人的行动，巧妙地展开进攻。不过，**如果捕猎失败，它们会交相嗥叫，并集体在一个地点撒尿**，以增强团队的凝聚力。

主要参赛选手

△	▲	○	◎
黑猩猩	转角牛羚	长颈鹿	豺

结果　分身术？！

有本事防住我们的快攻吗？

放马过来！

嘿嘿嘿嘿

咚　咚

轰隆隆

动作太快，看上去像有40头……

什么情况？

我晕

露馅了

豺队！不能40头同时上场！

铜	银	金
转角牛羚	长颈鹿	豺

比赛重新开始。豺队的配合真是天衣无缝。

长颈鹿队被豺队的快攻搞得晕头转向。

了解这项比赛的更多知识！ 除奥运会的篮球项目之外，还有四年一度的国际篮联篮球世界杯。美国职业篮球联赛（NBA）是世界顶级的篮球联赛之一。

1. 篮球中，一种快速进攻的战略打法，攻防速度快，快攻多。
2. 篮球中最基本的战术之一。进攻方在相互掩护的过程中创造接球投篮或二次进攻的机会。

115

球类项目 | 比赛项目 | 排球

Ball Games | Volleyball

每队6人，在3次击球之内将球打到对方半场。采用25分制五局三胜（仅第五局采用15分制）。

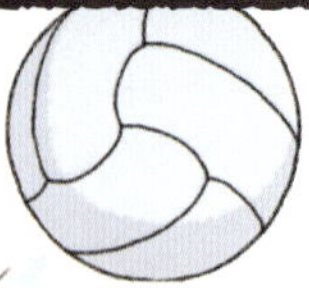

焦点选手

各路犰狳集结赛场，
用严密的防守应战！

> 再凶狠的扣球我都能接住！

最强接球军团

犰狳

选手档案

- 强壮程度 ■■■■■
- 毅力 ■■■■
- 配合度 ■■■
- 体力 ■■■■
- 敏捷 ■■

出生地	阿根廷
饮食习惯	常吃白蚁、蚯蚓
性格分析	不冒险的稳健派

在排球比赛中，高个子适合在前排进攻，而后排防守往往是矮个子球员更有优势。这项比赛受关注的焦点是南美的犰狳队。犰狳队队员构成多样：大犰狳体长100厘米、体重30千克，体形和大型犬相当；倭犰狳体长10厘米，体重100克，只有手掌大小。**它们通过挖洞锻炼出强劲的臂力**，在球场上迈开小碎步尽情奔跑。可以说，它们是"体育特长生"，游泳也很好。

预测 总之就是接球，接球，再接球

犰狳最大的优势是身上的"铠甲"。它的毛进化成**鳞片状的甲壳**，坚硬无比，甚至有传说称犰狳的甲壳可以反弹子弹。排球比赛允许选手用手以外的部位接球，于是犰狳就用这副铠甲不停地接球。

接球并将球传回对方场地是它们的基本战术，但存在一个严重的问题：没有主攻手。犰狳本是独居动物，不擅长团队配合，因此有必要利用技术暂停的时间调整队伍的整体节奏。

主要参赛选手

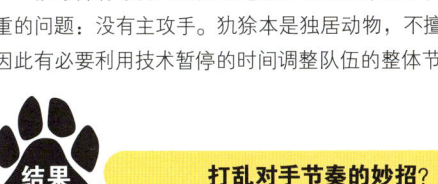

△ ▲ ○ ◎
浣熊　大熊猫　黑猩猩　犰狳

结果　　打乱对手节奏的妙招？

铜　银　金
大熊猫　黑猩猩　犰狳

黑猩猩队发球。

看我的！

现在我们看到的是黑猩猩队和犰狳队的比赛！

喂

别欺负我了！

球在这儿呢！

哇

居然把排球和犰狳搞混了，世界之大无奇不有。

黑猩猩队不在状态，比赛中连连失误。

了解这项比赛的更多知识！ 奥运会排球赛、世界排球锦标赛、世界杯排球赛、国际排联大冠军杯被称为世界排球四大赛事。除了个人技术，还有手势暗号等诸多看点。

球类项目

球类项目 | **比赛项目**

乒乓球

Ball Games | Table Tennis

用球拍在乒乓球台上相互击球。采用五局三胜或七局四胜制，每局比赛首先得到11分（10平后领先对手2分）的选手获胜。

性格倔强，脾气暴躁，展开顽强的拉锯战！

> 我是乒坛的王牌选手！

用猛攻型打法进攻！

绿雉

焦点选手

选手档案

力　量	■■■■□	性　情	■■■■■
机　敏	■■■□□	毅　力	■■■■□
动态视力	■■■■□		

- **出生地**：日本
- **饮食习惯**：常吃种子、昆虫
- **性格分析**：总是想太多

时速超过 100 千米的小球在不到 3 米长的球台上飞舞，一毫米的失误都有可能导致失分。乒乓球速度快、变化多，在这项比赛中，外行人甚至很难用肉眼追踪职业选手的球。比赛的焦点选手是绿雉。鸟类拥有精准判断运动物体的动态视力，出色的反应力使它能及时作出反应。绿雉斗志极强、脾气暴躁，会执拗地重复同一种进攻形式，相信它在拉锯战中也会有很好的表现。

球类项目

预测 看到红色的球拍十分兴奋，大声鸣叫着威吓对手！

雄性绿雉**身披蓝绿色等色彩艳丽的羽毛，眼周围长有鲜红色的肉垂**，一副舍我其谁的风范。繁殖期的雄性绿雉会对红色物体发动猛烈进攻，比赛时看到对手红色的球拍，想必也会燃起非同寻常的斗志。

另外，乒乓球名将在得分后常常大喊"飒"和"瞧嘞"。绿雉受到挑衅时，也会兴奋地大叫"咯——"，吼声响彻林间。

主要参赛选手

△	▲	○	◎
獐	猞猁	大熊猫	绿雉

结果 骄傲的绿雉

铜	银	金
猞猁	大熊猫	绿雉

咯

绿雉选手，好球！

钞票上还印过我的形象呢！

哼，我可是日本的国鸟！

咯

哇，自信满满！

可恶，用咯咯叫分散我的注意力，一只鸟还那么狂妄……

绿雉的扣杀好凶猛！

打得漂亮。绿雉最终赢得了单打比赛的金牌！

了解这项比赛的更多知识！ 乒乓球起源于英国，20世纪普及到世界各地。奥运会上，乒乓球包括单打、团体和混合双打项目。

| 球类项目 | 比赛项目 |

羽毛球

Ball Games | Badminton

用球拍将羽毛球打过球场中间的球网,采用21分制三局两胜。

凭借对快速移动物体的条件反射接发球!

焦点选手

不由自主就伸出手了!

身怀超高速扣杀绝技

亚洲黑熊

选手档案

力 量	★★★★☆	协调性	★★☆☆☆
机 敏	★★★★☆	毅 力	★★★★☆
条件反射	★★★★★		

- **出生地**:日本
- **饮食习惯**:常吃树木的果实,偶尔也吃小动物
- **性格分析**:心思细腻,一旦发飙敌我不分

在所有球类运动中,羽毛球的球速最快,时速超过400千米。仅靠动态视力无法精准接发球,必须练就条件反射式的反击能力。这个项目的实力选手是亚洲黑熊。**熊对快速移动的物体会条件反射式地作出反应。**两头雄性熊争斗时,一头被扇了一巴掌,就会条件反射地扇对方一巴掌;对方逃跑,它也会立刻追上去。亚洲黑熊的这一才能将会在羽毛球比赛中大放异彩。

预测　身体能力超群，但不适合参加双打项目

亚洲黑熊的奔跑速度其实和奥运会短跑运动员一样快，拥有优异的运动天赋和专注力。人类饲养的亚洲黑熊能够轻而易举地用嘴接住饲养员全力扔出的花生。它的挥拳速度非常快，还能长时间保持直立状态。可以说，金牌非它莫属。

不过，亚洲黑熊是独居动物，性子急，团队协调性差，不适合双打项目。大家期待的棕熊和亚洲黑熊的"梦幻黑棕组合"将不会成为现实。

主要参赛选手

△	▲	○	◎
浣熊	短尾猫	薮猫	亚洲黑熊

结果　不要打那里！

这一击肯定很疼……

哎呀！球正好打到了亚洲黑熊选手的脸上！

慌张……

够了……

对不起，我不是故意的……

啊　呜呜

鼻头是亚洲黑熊的弱点。

我要回家！

铜	银	金
浣熊	短尾猫	薮猫

亚洲黑熊选手竟然爆冷弃赛！

羽毛球正中要害，令它丧失了斗志。

了解这项比赛的更多知识！ 2006年起，世界羽毛球锦标赛每年举行一届，奥运会举办年除外。羽毛球的球是用羽毛黏接到软木上做成的，运动轨迹独特。

球类项目

121

| 球类项目 | 比赛项目 | # 高尔夫
Ball Games | Golf

使用不同球杆将静止的球击入球洞，通过击球杆数的多少分出胜负。

反派英雄加盟绅士运动？！

焦点选手

> 我只是喜欢捡高尔夫球……

前途无量的实力新秀

乌鸦

选手档案

力　量	■■■■□	毅　力	■■■■□
空间认知	■■■■■	体　力	■■■□□
注意力	■■■■□		

出生地	英国
饮食习惯	常吃昆虫、树木的果实、厨余垃圾
性格分析	知性

在高尔夫术语中，一个球洞击球进洞的杆数低于标准杆1杆叫作小鸟球，低于标准杆2杆叫作老鹰球，低于标准杆3杆叫作信天翁球，低于标准杆4杆非常少见，叫作神鹰球（一杆进洞）。鉴于高尔夫和鸟类的关联，这个项目的焦点集中在乌鸦身上。深爱着高尔夫球的乌鸦出没在世界各地的高尔夫球场上，要么把球叼走，要么藏起来，是手段层出不穷的捣蛋鬼。

预测 双重身份的知性高尔夫球手

乌鸦是最聪明的鸟类，大概只需 15 分钟就能领会高尔夫的比赛规则。对地形的空间感知能力也很优秀，能够掌握球场的特点，依此制定战略。它行事谨小慎微，**还拥有超群的记忆力和注意力**。**争强好胜的性格也让它不会重复犯同一个错误**。

乌鸦潜力大，有很大的提升空间，但其实还有不为人知的另一面。它有个坏毛病，动不动就把其他选手的球藏起来，有可能因此被剥夺比赛资格。

主要参赛选手

△ 屎壳郎
▲ 凤头黄眉企鹅
○ 鲸头鹳
◎ 乌鸦

结果 乌鸦的绝招

铜	银	金
屎壳郎	凤头黄眉企鹅	鲸头鹳

金牌归我了。

有了"藏球绝招"，我肯定战无不胜。

嘿嘿嘿……

球呢？

骨碌骨碌

乌鸦选手作弊被发现，失去比赛资格。

呕!!

请问，看到我的粪球了吗？

屎壳郎

夺冠热门乌鸦选手竟然被取消了参赛资格。

绅士运动不允许作弊哦。

球类项目

了解这项比赛的更多知识！ 在高尔夫比赛中，击球时要考虑场地的坡度、草的生长方向、风向等因素。

球类项目 | 比赛项目

橄榄球
Ball Games | Rugby

通过把椭圆形的橄榄球带到对方端区等方式得分。给队友传球只能往后方传。

焦点选手

动物界首屈一指的控球技术！

扔出去的橄榄球会像蛋一样被摔碎吗？

凭借团队凝聚力勇夺奖牌！

侏獴

选手档案

传　球	■■■■	毅　力	■■
凝聚力	■■■■■	体　力	■■
强壮程度	■■■		

出生地	坦桑尼亚
饮食习惯	常吃昆虫、蛋、小动物
性格分析	勤勤恳恳，爱给自己揽活

　　除了团队凝聚力，控制难度大的椭圆形球也是影响成绩的关键。这项比赛中，大家关注的焦点是来自非洲的侏獴队。獴家族的成员个子小，**运动量却不可小觑**。它们拥有广阔的领地，**为了扩大领地不遗余力**的性格也很适合橄榄球运动。侏獴的族群以家庭为中心，每个族群约有15个成员，彼此感情很深，雌性侏獴会悉心照料弟弟妹妹，担负起培养后辈的责任。

124

预测 凝聚力很强，可惜雄性大多不中用

侏獾的最大优势是日常行为和橄榄球运动很相似。鸟蛋是侏獾的最爱，只要发现鸟蛋，它们就会像橄榄球球员一样把鸟蛋抱起来带走，还会把鸟蛋从胯下猛地砸到岩石上，砸碎外壳后吃掉。高难度的控球技术对它们来说就是小菜一碟。

此外，遭遇眼镜蛇等劲敌时，侏獾会集体发起围攻，可见其凝聚力之强。不过，侏獾族群的首领都是雌性，群体中的雄性大多靠不住。

主要参赛选手

△	▲	○	◎
眼镜蛇	侏獾	瞪羚	麝牛

结果 家家有本难念的经

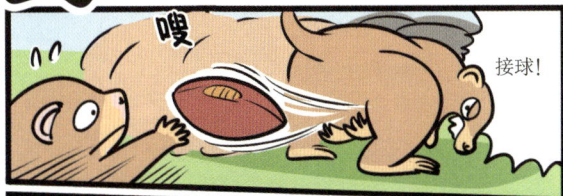

嗖

接球！

不行了

我要传球……

嗒嗒嗒嗒嗒嗒

快跑快跑！

哦——宝宝乖啊

我们忙着带孩子，没工夫！

你是男子汉啊！快突围！

慌张 慌张

咦，怎么就我一个啊？

铜	银	金
瞪羚	侏獾	麝牛

这场比赛暴露了家族团队特有的问题。

决赛最终以麝牛队的胜利告终。

了解这项比赛的更多知识！ 在19世纪一场英国足球比赛中，一名球员突然抱起球跑向对方球门，据说橄榄球运动就是由此诞生的。

棒球界的霸主之战!

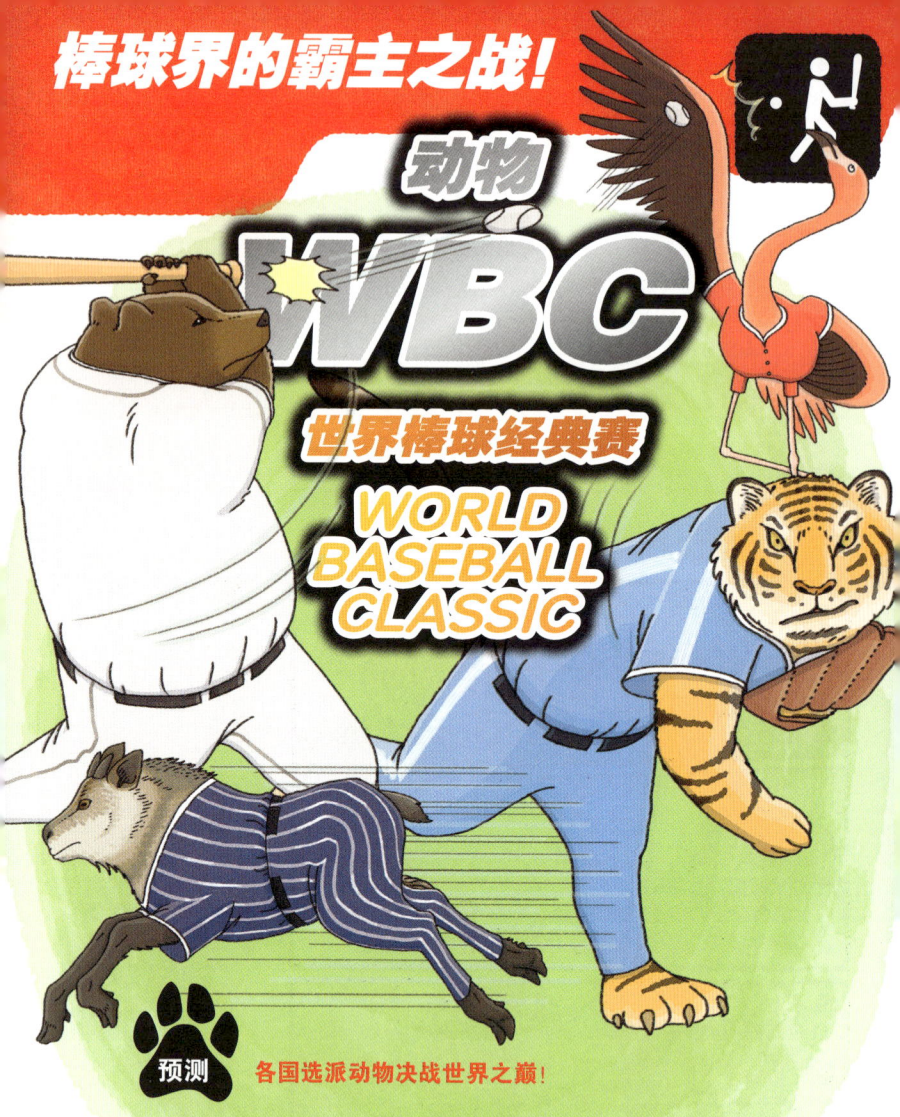

动物 WBC

世界棒球经典赛

WORLD BASEBALL CLASSIC

预测 **各国选派动物决战世界之巅!**

在棒球界,队友间相互信任,团队协作能力强,且攻、跑、防能力均衡的球队方能称霸。角逐世界第一称号的"世界棒球经典赛"时隔4年终于拉开帷幕。在各国代表队的激烈竞争中,4支国家队脱颖而出。上届大赛的冠亚军美国队和日本队此次顺利晋级,韩国队和哥斯达黎加队也召回了活跃在海外的明星球员,以不俗的表现成功出线。胜负难料的新篇章即将展开。

业内访谈

鼯羚先生：

> 从第一届比赛的实力来看，冠军非日本队莫属。

马鹿先生：

> 这次还是美国队吧。耶——

丰山犬女士：

> 希望韩国队加油！
> 韩国加油！

独家曝光！
焦点球员的自主训练

本报记者对焦点球员展开追踪采访。本期介绍的是职业生涯第二年就入选国家队的野猪球员。身为八兄弟中大哥的它，为了给家人交上一份满意的答卷，前往夏威夷自主训练，勤奋地挥洒汗水。

四强排名预测

预赛出线的4支球队已尘埃落定。它们将在半决赛和决赛中相互较量，决出最终排名。

棒球 / WBC

冠军

决赛
举办地：美国

半决赛
举办地：美国

半决赛
举办地：日本

| 美国队 | 哥斯达黎加队 | 韩国队 | 日本队 |

日本队

ANIMAL WORLD BASEBALL CLASSIC | Japan

实力分析

日本队集结了活跃在日本棒球机构中的众多人气球员。效力于美国职棒大联盟的日本猕猴投手也专程回国参赛。期待它用指叉球[1]为我们上演夺三振[2]的精彩好戏。浣熊球员曾经活跃在美国职棒大联盟，它的首次加盟也成为一大看点。日本队整体平衡性强，夺冠在望。

攻、跑、防
倾尽全力挑战巅峰！

VS

韩国队

ANIMAL WORLD BASEBALL CLASSIC | South Korea

实力分析

除目前效力于美国职棒大联盟的黄鼬球员和豺球员外，远东豹球员和生活在俄罗斯、朝鲜、中国东北地区，被列入濒危物种的朝鲜虎球员的加入上了头条新闻，成为全球瞩目的话题。这两位球员的水平堪比美国职棒大联盟球员，传闻大联盟的各大球队都向它们抛出了橄榄枝。

濒危动物参战，
战斗力大幅提升！

1. 棒球中，使用食指和无名指夹球的一种投球方法。
2. 夺三振是投手能力的重要指标之一。打者被判定三振出局时，当时投球的投手就获计一次夺三振。

棒球 / WBC

韩国队
1. 黄鼬 ⑧
2. 獐 ⑦
3. 远东豹 ④
4. 朝鲜虎 指定击球员
5. 豺 ⑤
6. 豹猫 ⑥
7. 野兔 ⑨
8. 亚洲黑熊 ②
9. 小麂鼩 ③
投手 水獭 ①
替补 香獐
教练 喜鹊

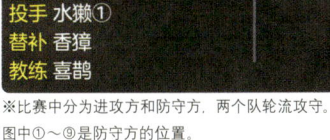

日本队
1. 日本鼬 ④
2. 梅花鹿 ⑨
3. 野猪 ⑤
4. 棕熊 ②
5. 鬣羚 ⑧
6. 浣熊 指定击球员
7. 对马豹猫 ⑦
8. 赤狐 ⑥
9. 貉 ③
投手 日本猕猴 ①
替补 亚洲黑熊
教练 小须鲸

※比赛中分为进攻方和防守方，两个队轮流攻守。
图中①~⑨是防守方的位置。

半决赛第1场 结果

浣熊：可笑！我们现在已经遍布世界各地了。

水獭：可恶！北美来的浣熊！看我把你撵走！

砰——
漏洞百出啊！
浣熊的心理战成功了。

看球
不许提这个！
哇——搞砸了

噢……抱歉，你们是近危物种吧？（笑）

真是一场精彩纷呈的投手战。浣熊抓住了对手击球失误的机会，打出一记好球。

韩国队的远东豹和朝鲜虎受不了酷暑，精神不振，没有发挥出应有的水平。

0 - 1
韩国队 日本队

美国队

ANIMAL WORLD BASEBALL CLASSIC | America

实力分析

上届大赛的冠军。本次比赛投手和守备员均沿用上届阵容，足以证明其经验和成绩备受信任。狼球员曾包揽"三冠王"和"最有价值球员"称号，如今实力更上一层楼。全能投手草原犬鼠则用全世界最优美的投球姿势不断刷新周边商品的销量纪录。

充满力量，尽显王者风范！

VS

哥斯达黎加队

ANIMAL WORLD BASEBALL CLASSIC | Costa Rica

实力球员云集的全明星阵容！

实力分析

以独特的姿势打出一个又一个超远全垒打[1]的长戟大兜虫是大联盟排名第一的击球王。擅长金鸡独立式打法的美洲火烈鸟具备优秀的长打[2]能力，从它身上能看到世界全垒打之王——王贞治的影子。中外野手[3]牛头犬蝠拥有"广域防守"和"激光回传球"两大武器。

1. 全垒打，棒球术语，指击球员击球后，依次跑过一、二、三垒并安全回到本垒。
2. 将球往远距离的打击。
3. 棒球中防守中外野的球员。一般由脚程快、接球判断能力好的选手来担任。

哥斯达黎加队

1. 鬣蜥 ④
2. 负鼠 ②
3. 火烈鸟 ⑦
4. 长戟大兜虫 ③
5. 牛头犬蝠 ⑧
6. 巨嘴鸟 ⑨
7. 安乐蜥 ⑤
8. 地蟹 ⑥
9. 沟齿鼩 指定击球员

投手 刺豚鼠 ①
替补 蜂鸟
教练 棱皮龟

美国队

1. 美洲狮 ⑦
2. 豪猪 ⑧
3. 郊狼 ⑤
4. 狼 ⑨
5. 美洲黑熊 指定击球员
6. 野牛 ③
7. 棕熊 ②
8. 浣熊 ⑥
9. 河狸 ④

投手 草原犬鼠 ①
替补 花栗鼠
教练 海狮

半决赛第2场

结果

接球
嘿！
去吧！
火烈鸟选手把球打出去了！球飞得很高！
砰

比赛结束!!

没想到豪猪一个接力跳，在空中完美接球！

美洲狮踩着狼一跃而起！
看我的！
可惜还是不够高！

还可以这样接？！

真是一场激烈的打击战，美国队狼球员的表现太精彩了！

最终，美国队根据数据分析制订的针对性防守战术成功阻挠了哥斯达黎加队的全垒打。

7 - 6
美国队 — 哥斯达黎加队

棒球 / WBC

1 日本
2 美国
3 韩国
4 哥斯达黎加

总评

日本队时隔两届比赛重返冠军宝座，而上届比赛的冠军美国队此次位列第二。在季军争夺战中，韩国队凭借朝鲜虎的三分全垒打[2]等精彩表现，以3∶1战胜哥斯达黎加队，最终获得季军。

日本队真的很努力，为我们带来了非常精彩的比赛。

本届大赛的最有价值球员奖颁给了日本猕猴投手。

决赛 美国队 对战 日本队

结果

嘻嘻嘻

现在上场的是7号对马豹猫。

我知道……

草原犬鼠投手发挥出色，好球不断。

你和狗一点边也沾不上，你其实是……

彻头彻尾的老鼠！

砰——

晃悠悠

日本队的打线[1]连起来了！

哼

0 - 1
美国队　日本队

1. 打线，棒球术语，指进攻方打击的序列。
2. 三分全垒打，棒球术语。指垒上有两人时，击球员击出的全垒打，得三分。

第 5 章

室外项目
Outdoor Competition

在户外运动中，善于利用风、波浪等自然因素的运动员更胜一筹。激发未知能力、前所未闻的战斗即将开始！

室外项目 | 比赛项目

射击/射箭

Outdoor Competition | Shooting/Archery

用枪或箭向远处的目标射击,较量精准度的比赛。

水下发射、精准打击的 射击能手!

焦点选手

小虫子也能一击必中!

被盯上的猎物根本逃不掉

射水鱼

选手档案

- 射 击 ■■■■■
- 报复心 ■■■■■
- 敏 捷 ■■□□□
- 体 力 ■■■□□
- 计 算 ■■■■■

出生地	老挝
饮食习惯	特别爱吃昆虫
性格分析	一点就通

对于人类而言,可以从远处发起进攻的弓箭和枪弹是划时代的发明。采用同类战术的动物则很少见,东南亚的射水鱼就是其中一种。顾名思义,它能够把含在嘴里的水像子弹一样喷射出来。射水鱼会从下方射击红树林树叶上的虫子,等虫子掉进水中时一口吃掉,是动物界的冷酷狙击手。

A⁺级狙击手天生无敌?

让我们揭开动物界A⁺级狙击手的秘密。

饲养员:

> 幼鱼嘴小,子弹(水量)也就很小,无法狙击。成年后才会狙击。

运动员T:

> 很多射水鱼一开始也射不准。而且,因为是水枪,反击天敌时一点用处也没有。

独家曝光!
射水鱼的秘密

- 拥有多个化名(高射炮鱼、枪手鱼等)
- 雄性沉默寡言
- 讨厌别人站在自己身后
- 不同时接受两个委托
- 主银行指定为瑞士银行
- 用不连号的旧钱结账
- 想要的东西:雷朋牌太阳镜
- 爱看的电视剧:《射雕英雄传》

室外项目

训练场景

> 你朝谁吐呢?

> 你有资格说我?

> 大羊驼的训练热情真高啊。不过我可不想被它喷到。

> 是啊。说得通俗一点,那就是呕吐物啊……

射水鱼的竞争对手大羊驼把反刍过的草吐向靶心。要是粘到身上,气味很难消除。

135

预测 极具威胁的计算能力，造就最高水准的射击技术！

射水鱼的射击精度相当高。**它的体长只有约 20 厘米，却能精准地射中 1 米开外的猎物。它之所以被称为狙击能手，是因为射击时的计算能力很出众。**光在水中和空气中的折射率不同，而射水鱼在水中计算射击角度时也会考虑到这一点。不过它是个怕麻烦的家伙，有时也会直接跳出水面捕捉猎物。而且，由于它用水弹射击，难以辨别弹痕的位置，所以每次都要和裁判争执一番。

射水鱼的对手大羊驼射击时使用的是反刍后的草和胃液混合形成的特制难闻液体。喷毒眼镜蛇能喷射剧毒液体，一旦眼睛接触到这种毒液，会有失明的危险。参加射击项目的各位运动员都不好惹。

主要参赛选手

◎ 射水鱼
○ 大羊驼
▲ 变色龙
△ 喷毒眼镜蛇

我是动物界的 A⁺ 级狙击手。

随时准备发射。

射水鱼

喷毒眼镜蛇

我的攻击方式是，吐对手一身。

我的武器射出去还要收回来，能算分数吗？

大羊驼

变色龙

结果　　射击自夸

铜	银	金
鸡心螺	喷毒眼镜蛇	大羊驼

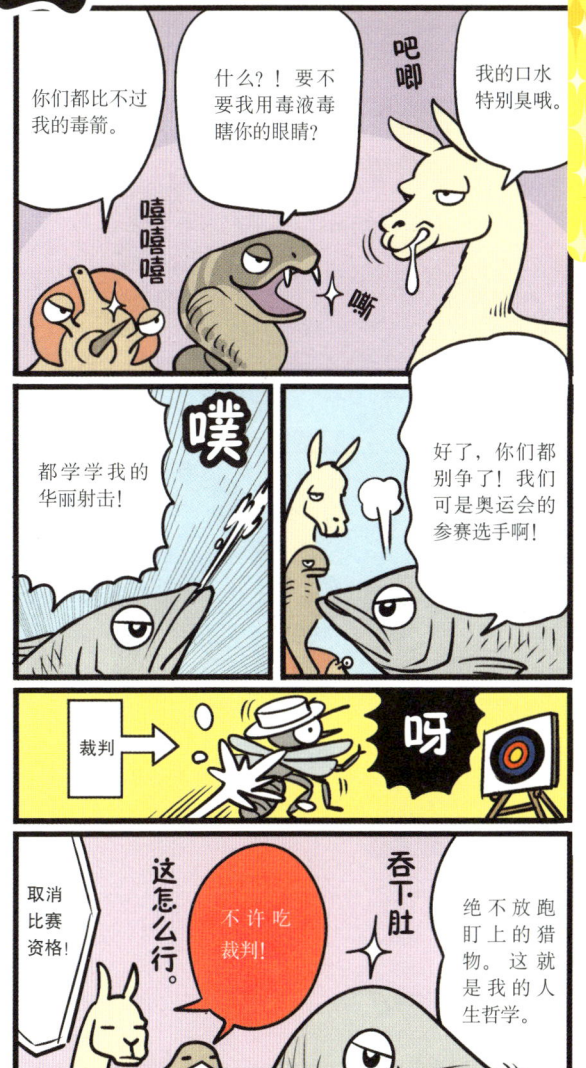

室外项目

你们都比不过我的毒箭。

什么？！要不要我用毒液毒瞎你的眼睛？

吧唧

我的口水特别臭哦。

嘻嘻嘻嘻

嘶

噗

都学学我的华丽射击！

好了，你们都别争了！我们可是奥运会的参赛选手啊！

裁判 →

呀

取消比赛资格！

这怎么行。

不许吃裁判！

吞下肚

绝不放跑盯上的猎物。这就是我的人生哲学。

动物小剧场

弹无虚发射水鱼，计算能力不一般。
冷酷寡言爱吃虫，裁判也成腹中餐。

了解这项比赛的更多知识！ 射击包括射固定靶的步枪项目、手枪项目和射移动靶的飞碟项目等。射箭项目的环靶直径122厘米，距离选手70米远。

137

室外项目 | **比赛项目** | # 自行车
Outdoor Competition | Cycling

1896年第一届雅典奥运会时就被列入正式比赛项目,拥有120多年的历史。

靠娴熟的自行车骑行技术和热血拼搏精神参赛!

焦点选手

比赛结束后,还得继续参加马戏团的训练呢。

骑车是熊的看家本领

棕熊

选手档案

自行车 ■■■■■　毅 力 ■■■■■
灵 巧 ■■■■■　体 力 ■■■■■
强壮程度 ■■■■■

出生地	俄罗斯
饮食习惯	常吃小动物、树木的果实
性格分析	性情多变

　　自行车场地赛有一套独特的训练方法和把握制胜时机的技巧,从其他项目转行过来的选手很难获胜。比赛中最受关注的选手是来自俄罗斯的棕熊,它有**在俄罗斯传统马戏中表演骑自行车**的经验,必要时还能骑摩托车。这项比赛无论是抢位策略还是激烈竞争,都需要相当高昂的斗志。因此,**性格暴躁又好胜**的熊非常适合。

138

室外项目

预测 经验丰富，心理素质待提高

自行车比赛需要选手用整个脚掌对踏板施加充足的力，而很多动物行走时只有脚趾着地，像人类和熊一样脚跟着地行走的动物（跖行动物）其实很少。

熊的手无法像灵长类动物那样分开手指活动，但能够用发达的肉垫和大大的趾甲抓握物体，控制车把的技术也很高。不过，有一个隐患——它感到胜利无望时可能会给对手一巴掌。为了改掉这个恶习，熊正在接受心理专家的辅导。

主要参赛选手

△	▲	○	◎
日本猕猴	黑猩猩	大熊猫	棕熊

结果 好大一堵墙

嗖——

哈哈，你们谁也别想超越我这堵墙！

比赛的最后一圈！

嗖

哎哟，眼看就要到终点，棕熊被赶超了！

其他选手把棕熊当成一面巨大的挡风墙了。

这是老套路了。

你们几个拿我当挡风墙了！

在比赛的最后关头上演了大逆转！

铜	银	金
棕熊	大熊猫	日本猕猴

奥运会纪录是多少？ 奥运会上的自行车比赛包括公路自行车、场地自行车、山地自行车、小轮车等多个看点各异的项目。场地自行车的奥运会纪录是2004年，克里斯•霍伊（英国）的1分0秒711（场地自行车1公里计时赛）。

室外项目 | **比赛项目** | # 赛艇

Outdoor Competition | Rowing

在2000米或1000米的笔直航道上，通过手摇桨划水产生动力推动舟艇前行。按人数、体重等分为多个项目。

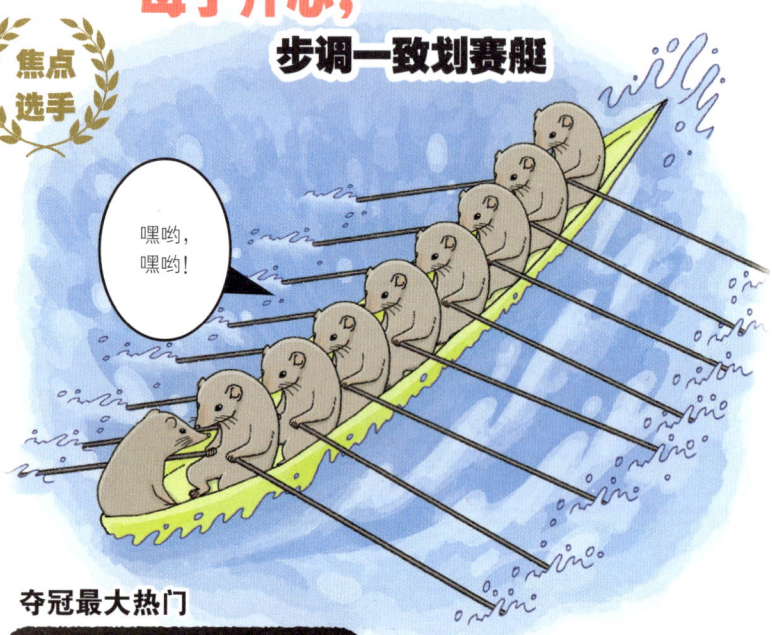

母子齐心，步调一致划赛艇

焦点选手

嘿哟，嘿哟！

夺冠最大热门

臭鼩

选手档案

力量 ■■■■
毅力 ■■■■■
配合度 ■■■■■
体力 ■■■■
游泳 ■■■

出生地	柬埔寨
饮食习惯	常吃蚯蚓、昆虫
性格分析	量力而行，追逐自己的目标

赛艇比赛按运动员体重划分为不同级别。其中，轻量级比赛的焦点是臭鼩队。臭鼩是**哺乳类动物中体重最轻的**。虽然它的名字里有一个鼠字旁，但在生物学分类上和老鼠完全不同，属于食虫目。臭鼩**身披美丽又防水的皮毛，擅长游泳**，所以一点也不怕水。和啮齿类动物不同的是，臭鼩是纯粹的食肉动物，在比赛中能燃起高昂的斗志。

预测 把鼠车队应用到赛艇比赛中！

臭鼩是独居动物，但臭鼩母子之间存在一种"鼠车队行为"。所谓鼠车队，就是幼崽叼住母亲或兄弟姐妹的尾巴，首尾相连，像一节节车厢连成火车一样，统一步调前行的现象。

臭鼩队只要把这种团队合作能力和完美的协调性运用到赛艇比赛中，就有望获得出色的成绩。当它们为胜利兴奋雀跃时，说不定会散发出带有甜味的麝香气味。

主要参赛选手

△ 水黾　▲ 海鬣蜥　○ 负鼠　◎ 臭鼩

室外项目

结果 母子连起"鼠车队"

铜	银	金
海鬣蜥	负鼠	臭鼩

好嘞！

嘿 嘿 哟 哟

大家再加把劲！

臭鼩队和负鼠队势均力敌，不相上下！

别慌！快组成鼠车队！

糟了！赛艇沉了……

咣当——

哎呀！两艘艇撞上了！

最终同时到达终点！

你们的妈妈在那儿呢！

好沉……

疼死了！

臭鼩连成一串，像蛇一样抵达终点！

负鼠宝宝们坐在妈妈的背上，由妈妈背着游到了终点。

奥运会纪录是多少？ 2004年的赛艇预赛，美国队，5分19秒85（八人单桨有舵手）。寂静的水面上，整齐划一的动作构成了优美的赛艇风景线。赛艇是欧美的传统赛事，欧美国家选手多、实力雄厚。

皮划艇

室外项目 | 比赛项目

Outdoor Competition | Canoeing

包括在平静无障碍的航道上进行的"静水"项目和在湍流中穿越或绕过障碍的"激流回旋"项目。

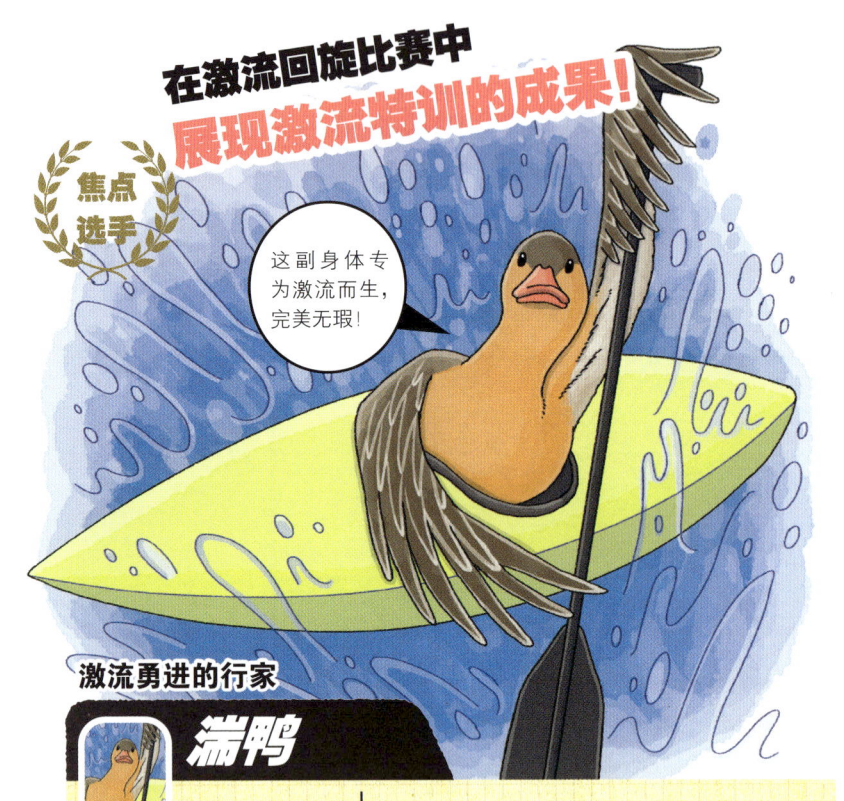

在激流回旋比赛中展现激流特训的成果!

焦点选手

> 这副身体专为激流而生,完美无瑕!

激流勇进的行家

湍鸭

选手档案

- 力　量 ■■■■□
- 毅　力 ■■■■■
- 配合度 ■■■■□
- 体　力 ■■■■■
- 游　泳 ■■■■■

出生地	阿根廷
饮食习惯	特别爱吃水生昆虫
性格分析	生性热爱户外运动

激流回旋是在湍急的水流中划皮划艇的项目,鲜有训练场地,令运动员犯愁。而南美选手湍鸭与众不同。它们生活在世界上最美但自然环境最严酷的地方——**南美巴塔哥尼亚地区海拔1500米以上的高山激流中**,天敌无法靠近。实际上,湍鸭的栖息地就是顶级人类运动员在激流回旋项目上的训练地,因此,湍鸭平时得到了充分的训练。

预测 超精英教育从幼鸟抓起，培养激流霸主

湍鸭的体形不同于一般的鸭子，**呈流线型，适合在湍急的水流中前行**。它们的翅膀上长有距，在湍流中也能扒住岩石；脚掌带蹼，趾甲又尖又长。最让人惊叹的是父母对幼鸟进行的"极端教育"。它们会挑选汹涌的湍流让幼鸟练习游泳，能在其中生存下来就是奇迹。

湍鸭最强的对手是水鹛。除了喜欢湍流外，水鹛的基本生活习性还是个谜。

主要参赛选手

△	▲	○	◎
水獭	褐河乌	水鹛	湍鸭

室外项目

结果 百折不挠

嘭！
转眼间又翻回来了！

噗通
啊！湍鸭翻船了！

翻回来了！
翻船！
嘭
噗通
翻回来了！
又翻船了！

严酷的成长环境使它拿下了这枚金牌！

这种情况我早就习惯了……

烦不烦啊
噗通
又翻了！它在故意作秀吗？

嘭

铜 银 金
褐河乌　水鹛　湍鸭

在大多数选手都落水出局的情况下，湍鸭出色地抵达了终点。

这是从幼年就开始训练的成果啊！

奥运会纪录是多少？ 2016年，尤里·切班（乌克兰），39秒279（静水单人划艇200米）。皮划艇包括划艇和皮艇两类项目。

143

室外项目 | **比赛项目** # 帆船

Outdoor Competition | Sailing

运动员驾驶帆船绕过海面上的浮标,航向终点。

"读风"能力首屈一指,
关键在于能否灵活运用

> 我从小在风中长大。

焦点选手

感知风的天才

蜘蛛

选手档案

- 领悟力 ■■■■■
- 毅 力 ■■■■□
- 飞 行 ■■■■□
- 体 力 ■■■■□
- 游 泳 ■■■■□

出生地	澳大利亚
饮食习惯	常吃昆虫
性格分析	自立要强

帆船比赛的赛况很大程度上受自然环境的影响,因此,对于风的感知能力成为决定胜负的关键。这项比赛的焦点是蜘蛛选手。**幼蛛拥有"飞航"本领,能利用吐出的丝飞上天空。**体重轻的蜘蛛仅需一根细丝就能翱翔在空中。本身移动能力差的蜘蛛借助风能够实现长距离移动。它们乘风移动的能力很强,人们在飞机和远洋船只上也能见到它们的身影。

室外项目

预测　拥有感知风的能力，却偏爱"听风由命"

蜘蛛在"飞航"时不会根据季节、时段、尾部吐出的丝的长度等因素做出缜密的"计算"，而是全靠本能。同一批出生的兄弟姐妹会一齐"飞航"，或许它们生来就具备感知风的能力，是才华横溢的运动员群体。

只不过，帆船比赛更重视驾驭风的能力，而蜘蛛习惯"听风由命"。它们能否利用风抵达终点是一大问题。

主要参赛选手

△ 海龟　▲ 飞虱　○ 僧帽水母　◎ 蜘蛛

结果　启程远行

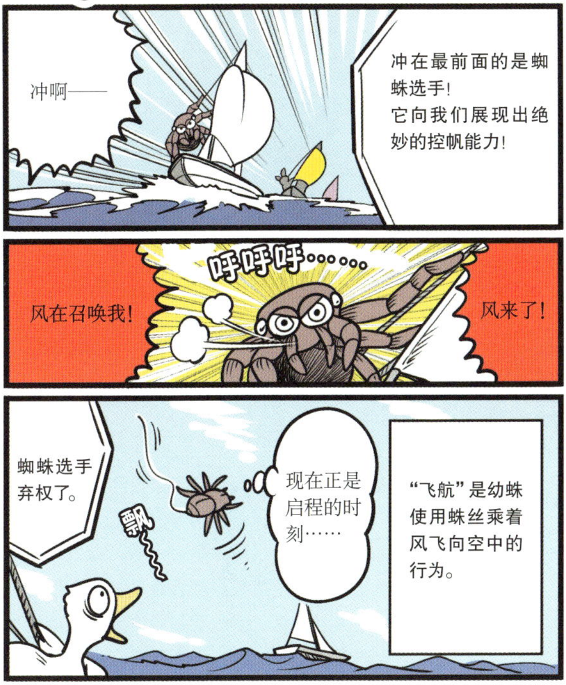

冲啊——

冲在最前面的是蜘蛛选手！
它向我们展现出绝妙的控帆能力！

呼呼呼……

风在召唤我！

风来了！

蜘蛛选手弃权了。

飘

现在正是启程的时刻……

"飞航"是幼蛛使用蛛丝乘着风飞向空中的行为。

铜 海龟　**银** 飞虱　**金** 僧帽水母

蜘蛛选手乘着风飞向了远方。

风的用法好像不对！

了解这项比赛的更多知识！ 帆船比赛包括男女均可参加的2个项目（共计4项）、仅限男性参加的3个项目、仅限女性参加的2个项目和1项男女混合项目，共计10个项目。胜负的关键在于能否很好地把控波浪和风。

| 室外项目 | 比赛项目 | **马术** |

Outdoor Competition | Equestrian

唯一一项和动物共同配合完成的奥运会项目。骑手和马之间的信任是决定胜负的关键。

两种动物心灵相通，一同挑战比赛！

焦点选手

> 我们双剑合璧、同心协力！

领悟骑马的精髓

恒河猴

选手档案

马　术	■■■■■	毅　力	■■■■□
配合度	■■■■■	体　力	■■■■□
智　慧	■■■■■		

- **出生地**：印度
- **饮食习惯**：素食主义者
- **性格分析**：因自尊心强而失败

马是一种非常独特的动物，只要和它建立信任，它就**允许其他动物骑在自己的背上，并乐在其中**。马术比赛的焦点骑手是恒河猴。有的动物园会把种类不同但性情相合的食草动物放在同一区域展示，恒河猴有时便会**骑到同住在猴山的蛮羊等动物的背上**，因此，大家期待着它在比赛中展现出灵活自如的马术。

预测 不仅要有高超的马术，还要走进马的内心

恒河猴是日本猕猴的亲戚。它们求知欲旺盛，只要接受训练，不出 30 分钟应该就能学会骑马。

恒河猴骑马的最大优势在于其自主性，它们**能够理解骑在动物背上的乐趣**。对和自己性情相投的"爱马"蛮羊，恒河猴还会温柔地给它们梳理毛发。这种行为有助于恒河猴走进赛马细腻的内心世界，缔造出"猴马一体"的精彩表演。

主要参赛选手

◎ 恒河猴
○ 阿拉伯狒狒
▲ 环尾狐猴
△ 红毛猩猩

室外项目

结果 往事不堪回首

咚哒哒咚
呀 真可爱
来 跳一个
好厉害
咻
恒河猴选手用完美的技术为我们呈现了华丽的一跳。太精彩了！
我想起了一些往事……
呜呜
咦，你怎么哭了？

铜 环尾狐猴
银 阿拉伯狒狒
金 恒河猴

恒河猴选手的表现非常精彩。

它得到了马的信任，实现了"猴马一体"。

了解这项比赛的更多知识！ 马术比赛包括根据动作准确性和优美程度评分的"盛装舞步"项目、按照指定顺序越过各种障碍的"场地障碍赛"项目，以及骑手和马匹共同完成三项比赛（盛装舞步、越野赛和场地障碍赛）的"三项赛"项目。

| 室外项目 | 比赛项目 | # 现代五项

Outdoor Competition | Modern Pentathlon

一天内完成击剑、游泳、马术、跑射联项（射击和跑步）五种运动的终极综合比赛项目。

凭借动物界最出众的运动能力和智慧发起挑战！

焦点选手

最差也能拿金牌吧。

拿金牌，还是弃权？

狼

选手档案

剑 术	■■■■□	射 击	■■■■□
游 泳	■■■■□	体 力	■■■■■
马 术	■■■□□		

- **出生地**：西班牙
- **饮食习惯**：常吃肉
- **性格分析**：自我要求太高

现代五项包括考验爆发力的击剑，需要力量和耐力的200米自由泳，考验驾驭动物技术的马术障碍赛，以及由4组射击与800米跑组合形成的跑射联项。其中一些项目需要很长的时间来练习基本功，除体力之外，还要具备思维转换能力和强大的韧性，因此，现代五项被称为"运动之王"。这个高难度比赛的焦点选手是狼。它**精通战术，拥有坚忍的意志，速度快，还擅长游泳**，是一名高傲的猎手。

预测 样样都擅长，却喜欢半途而废

狼经常巡视自己的领地，对地形特征了如指掌，任何细微的变化都逃不过它的眼睛。为防万一，它会制订应对各种情况的战术策略。击剑、游泳都是它的拿手好戏，它只要一个眼神，就能吓得马乖乖听话。狼在长距离奔跑后会立即屏住呼吸，将注意力集中到猎物身上，这一类似射击的过程对它来说已经是家常便饭了。

样样优秀的狼选手有一个弱点：因为聪明，所以对自己要求太高，有可能在比赛过程中弃权。

室外项目

主要参赛选手

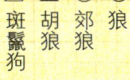

△ ▲ ○ ◎
斑鬣狗 胡狼 郊狼 狼

结果 完美主义的极致！

现在看到的是狼选手。目前它一直保持领先，但好像出了什么状况？

射击没有进入状态！连续射偏！

哎——

排名一下子落后了很多！这下不好追回了！

这么快就放弃了！

感觉再比下去也没什么意思了。

铜 斑鬣狗
银 胡狼
金 郊狼

狼被其他选手赶超后，马上弃权了。

完美主义到这个地步，有点矫情了。

了解这项比赛的更多知识！ 选手之间击剑、游泳和马术三项总积分之差决定了跑射联项的出发时间间隔（积分每少1分，选手延后1秒出发）。运动员必须使用激光枪在50秒内完成4组射击，在此期间还要完成800米跑，最终按照选手抵达终点的顺序决定名次。

| 室外项目 | 比赛项目 | 冲浪 |

Outdoor Competition | Surfing

裁判根据选手冲浪时的技术和表现进行判定、打分。

焦点选手

对海浪无所不知、深爱大海的潇洒冲浪者！

> 还是乘风破浪的感觉最棒。

由衷地热爱冲浪运动

海豚

选手档案

- 冲 浪 ▰▰▰▰▱
- 体 力 ▰▰▰▱▱
- 游 泳 ▰▰▰▰▰
- 信息收集 ▰▰▰▰▰
- 智 慧 ▰▰▰▰▱

出生地	印度尼西亚
饮食习惯	常吃鱼、乌贼、螃蟹
性格分析	阳光开朗，爱热闹

冲浪比赛规定，一道浪只允许一名选手冲上去，离浪尖最近的选手拥有这道浪的"通行权"。因此，辨别好浪的能力至关重要，争夺"通行权"的策略将直接影响比赛胜负。有的选手装作不下浪，有的装作开始划水……选手间会展开心理上的较量。这项比赛受关注的焦点选手是海豚。它们**不仅擅长冲浪，战略决策也很出色**，有望独占巨浪，展现乘风破浪的风采。

预测　冲浪技术一流，但别贪玩误事

海豚是自娱自乐的天才，现实中也会和伙伴钻进浪中嬉闹，和人类一样体会冲浪的刺激和爽快。而且，海豚在岩石上蹭痒痒的样子，和冲浪者用刮蜡板给冲浪板打防滑蜡有几分相似。

令人担心的是，有时海豚得意忘形，会轻轻咬着河豚，舔舐河豚身上的毒素，享受有毒物质带来的幻觉。这有可能对它的场上发挥造成不良影响。

主要参赛选手

△ 狼　▲ 海萤　○ 大白鲨　◎ 海豚

结果　谁将驾驭海浪？

目前，参赛选手似乎在判断海浪上遇到了困难。

而海豚选手的表现非常出色，技压群雄！获得金牌当之无愧！

啊？这样太狡猾了吧？

这是团队的胜利！

我们隔着一段距离也能交流，所以我向朋友们打听了海浪的信息哟。

铜	银	金
狼	大白鲨	海豚

看来海豚准确地掌握了海浪的情况。

海豚选手赢在了信息收集能力上！

了解这项比赛的更多知识！ 冲浪是2021年东京奥运会的新增项目，根据选手用短板冲上浪峰的技术打分。每位选手最多冲25道浪，以其中两次的最高分确定本轮最终成绩。

室外项目

室外项目 | 比赛项目

滑板

Outdoor Competition | Skateboard

根据技术动作（跳跃、半空转体、翻转等）的难度和速度来打分。

焦点选手

秀出最精彩的滑板技术！

摆出前卫的姿势，用酷炫的表演征服观众！

目标直指滑板之王！

蜜獾

选手档案

技 巧	■■■■■	毅 力	■■■■■
敏 捷	■■■■■	体 力	■■■■■
帅 气	■■■■■		

出生地	肯尼亚
饮食习惯	常吃小动物、蜂蜜
性格分析	街头时尚达人

调动全身的运动细胞，表面上却淡定自若，游刃有余——这就是玩滑板的"范儿"。这项比赛的焦点选手是来自非洲的蜜獾。它们身披黑白色的"嘻哈风运动服"，时髦的打扮就像一位说唱歌手。而更值得一提的是它们那颗勇敢的心。蜜獾"大哥派头"十足，敢正面挑衅"百兽之王"狮子。听说它们还作为"世界上最无所畏惧的动物"荣登吉尼斯世界纪录呢。

预测　超群的运动能力和强大的心理素质

蜜獾是鼬家族的成员，它们**身体柔软，运动神经超群，身体控制力优秀**，在赛场上绝对会施展出一个又一个的独创绝技。蜜獾有个特殊技能，**被剧毒的眼镜蛇咬伤、陷入昏迷状态后，只需半天就可以痊愈**。而且，它们还具有强大的心理素质，痊愈后会继续捕食眼镜蛇！

不过，蜜獾最喜欢的食物是蜂蜜。它们勇猛顽强的外表下藏有一颗热爱甜食的心，尤其对刚采集的蜂蜜没有丝毫抵抗力，是个不折不扣的"甜品控"。

主要参赛选手

△ 秃鹫　▲ 狐獴　○ 斑鬣狗　◎ 蜜獾

室外项目

结果　反差萌

呼……在下次出场之前，先填饱肚子吧。

大步　流星

请继续加油！

哇

蜜獾接连施展高难度绝技！

噢噢噢

吧唧　吧唧

最喜欢吃蜂蜜

太有范儿了

没见过那么酷的选手……

铜 狐獴　**银** 斑鬣狗　**金** 蜜獾

外表看起来像个坏蛋，最喜欢吃的却是蜂蜜。

感觉看到了它孩子气的一面。我要被这种反差萌征服了。

了解这项比赛的更多知识！ 滑板是2021年东京奥运会的新增项目。包括在以实际街景为原型的场地上进行的"街式赛"和在复杂场地上比拼技术的"公园赛"。除比赛本身，还能欣赏到街头时尚装扮，体验选手和观众融为一体的氛围！

动物专栏　　　　　　　　　　　　　　　　　　　　　　　　　　Animal Column

动物会享受运动的乐趣吗？

动物会像人类参与体育运动那样享受竞技带来的乐趣吗？下面让我们走进动物的内心世界。

赛马起源于马喜欢和伙伴们赛跑的习性

动物会像人类进行体育运动那样，按照一定的规则一争高下，并享受其中的乐趣吗？

野生的马结群奔跑，心情愉快时，会比赛谁跑得更快。它们全力以赴地竞争，无论输赢都会感到开心。因此，这种游戏能有效地加深马彼此间的情谊。

赛马就是利用马的这种竞争习性创造出来的。马和狼不同，个体在群体中奔跑的位置不由个体的优劣决定，谁都可以跑在最前面。实力相当的几匹马一同奔跑时，很难准确预测它们抵达终点的先后顺序。

最喜欢和伙伴一起玩游戏和游泳

海豚会玩很多类似体育运动的游戏。有时明明没有遇到天敌，它们却突然开始加速、比赛游泳，或者玩起捉迷藏等游戏。

其实，水族馆里的海豚表演就是利用海豚的这种习性。虽然饲养员会在发出指令时给海豚喂食，但它们听从指令不仅是因为食物，肚子不饿时也会开心地表演。可见海豚是一种享受体育运动的动物。

海豚

飞行几千千米的候鸟们面对的挑战

候鸟的迁徙距离大多为上百千米，甚至上千千米，这是一段冒着生命危险的旅行。不过，它们每年都在同一时期沿固定的路线飞行，与其说是旅行，不如说是一场超级马拉松。候鸟们会为了迎接挑战做好充分的准备，同伴间的协作能力也非常出色。

在出发前，候鸟会吃下高热量的种子等食物，囤积脂肪，打造强健的身体。鸟群根据风向等迁徙路线上的情况，选择适合的时间全体一起出发，不会落下任何一个成员。在飞行途中，它们用叫声互相鼓励，争取让所有成员都能抵达目的地。

> 我也很喜欢和人类搭档。不过仅限小时候，长大了就没兴趣了。

> 我们是翻越世界最高峰——珠穆朗玛峰的候鸟。

蓑羽鹤

黑猩猩

喜欢和人类合作的动物搭档

很多宠物狗都是从猎犬演化而来的，每种狗都有擅长的领域。狗的祖先是狼，它们集体行动，通过完成任务来证明生存的价值。它们喜欢的不是狩猎，而是和主人或同伴们奔走在山野间这项"体育运动"。

狗追逐球或飞碟也不是因为喜欢这些东西，而是喜欢和同伴一起做事。狗和人类一同捕猎时，每当猎人射偏，狗就叫一声"汪（真差劲）"，就像是双打比赛中的好搭档。

表演猴戏的猴子心里是怎么想的？

猴戏表演就像体操运动一样，猴子会连续地做出惊险刺激的动作。那么，猴子们参加表演是被强迫的吗？

其实，表演猴戏的猴子和人类的关系好比运动员和教练。猴子也会在严酷的训练中叫苦，也有被教练训斥的时候。然而，它们在理解共同实现一个目标的意义后，会变得非常认真。如果对自己的表演不满意，它们还可能主动重做一遍。

严酷的训练结束后，猴子也会在休息时间主动凑过来，枕在人的腿上打瞌睡。这体现了人与猴之间的深厚情谊。这样看来，猴子也是一种喜欢和人类朝着一个目标共同努力的动物。

> 我横着跳可不是在表演节目。

维氏冕狐猴

> 虽然那段日子非常辛苦，但过得很充实。

日本猕猴

> 小熊猫先生，你表演过节目吗？

> 我经常用两条后腿站起来。这是我的习性，但不知为何总引来人类异样的目光。我们可不是在表演节目，希望大家不要误会。

第6章

冬季项目
Winter Games

在雪地、冰面这样的特殊环境下,各项比赛接踵而来,耐寒的动物大显身手。火热的场面足以融化冰雪,不容错过!

| 冬季项目 | 比赛项目 | ## 花样滑冰
Winter Games | Figure Skating

合着音乐的节奏在赛场的冰面上滑行，用技术和表现力决胜负。

一到冬天就自作多情，在冰上滑行耍帅！

> 快看我优美的身姿！

焦点选手

花样滑冰的奇才
日本猕猴

选手档案

表现力	■■■■□
毅 力	■■□□□
技 术	■■■■□
体 力	■■■■□
跳跃力	■■■□□

- **出生地**：日本
- **饮食习惯**：素食主义者
- **性格分析**：容易有心理负担

绝大多数灵长类动物生活在气候温暖的地区，在除人类以外的灵长类动物中，**日本猕猴的栖息地纬度最高**。在没有野生灵长类动物生活的欧美地区，日本猕猴被称为"雪猴"，人气颇高。实际上，它们在雪地和冰上的表现力以及身体素质都很出众。擅长在寒冷地区比赛的日本猕猴将会在花样滑冰中有怎样的表现？全世界都拭目以待。

日本猕猴社会的内幕

母亲：

这孩子，小时候一到冬天就跑到冰面上一圈圈地溜，可喜欢了……

运动员S：

在日本猕猴中，4岁以上就是成年猕猴了。如果成年猕猴不小心在长辈面前快速移动，会被严厉批评。所以，猕猴成年后就不能从事花样滑冰了。

独家曝光！
日本的集训地

日本猕猴在日本有一处秘密集训地——长野县地狱谷温泉。那里冬季积雪多，池塘等水面结冰，训练设施非常完善。温泉对膝盖和腰的损伤也有很好的疗效，赛马也纷纷到那里疗养。日本猕猴有着双层毛发，皮肤不容易被浸湿，所以泡完温泉不会着凉。

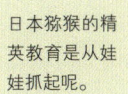

冬季项目

训练场景

日本猕猴的精英教育是从娃娃抓起呢。

非常期待下一代运动员的表现。

嘭嘭

鲍步[1]

两三岁的小日本猕猴最喜欢在冰面上转圈玩，玩得兴起时还会施展大招——后外点冰三周跳[2]。

1. 花样滑冰术语，一种单膝弯曲的下腰动作。
2. 花样滑冰六种基本跳跃中的一种。冰鞋刀齿点冰后起跳，空中转体三周。

预测 **秋冬是恋爱的季节，上演自作多情的表演**

首先，灵长类是视觉动物，它们对颜色和形状有自己独特的审美。日本猕猴的脸和屁股是红色的，这也可以归结为它们的日式审美吧。

在秋冬季节的繁殖期，公猴生殖激素增加，血管扩张，血流更加通畅，身上的红色加深，变得更加美丽。同时，乱糟糟的毛发也变成好似精心烫过的"蓬松波浪卷"，厚实又松软。日本猕猴还会自作多情，一边走路一边耍帅，以吸引母猴的目光。这种特性或许能让日本猕猴在冬季举行的花样滑冰比赛中充分施展自己的表演技术。

主要参赛选手
◎日本猕猴
○天鹅
▲蓑羽鹤
△大熊猫

欣赏我优雅的舞姿吧！

天鹅

冰面上摔一跤也不疼。

日本猕猴

我参赛不为刷新纪录，只为让大家记住我的表演！

让你们看看跨越喜马拉雅山脉的一跳！

大熊猫

蓑羽鹤

结果 | **与生俱来的明星气质**

铜	银	金
蓑羽鹤	天鹅	日本猕猴

冬季项目

短节目和自由滑均获得高分,目前位居榜首!

日本猕猴选手竟然拿到了330.43分!

教练!我成功了。

太精彩了!

这都是教练您的……

熊猫实在是太可爱了!

又是那家伙……每次都抢我风头……

动物小剧场

日本猕猴冰上滑,完美转体创佳绩。不敌熊猫摔一跤,憨态可掬有人气。

了解这项比赛的更多知识! 花样滑冰下设单人滑、双人滑、冰上舞蹈、团体赛等多个项目。裁判员根据选手的步法、旋转、跳跃等技术动作和节目内容打分,再结合扣分项目得出总分。

冬季项目 | 比赛项目

速度滑冰

Winter Games | Speed Skating

绕周长400米的赛道滑冰，按抵达终点时的速度排名。包括多个小项目，赛程从500米到10000米不等。

在冰上热血沸腾，带来最重磅的演出！

噢噢，这股寒气太爽了！

焦点选手

在冰上状态绝佳！

北极熊

选手档案

力　量 ■■■■□	注意力 ■■■■■
速　度 ■■■■□	体　力 ■■■■■
游　泳 ■■□□□	

- **出生地**：加拿大
- **饮食习惯**：常吃肉
- **性格分析**：倒霉蛋

速度滑冰中，起跑是决定胜负的关键，选手应具备优秀的专注力和爆发力。这项比赛的焦点选手是北极熊，它们主要以海豹和海象为食，但在水下追不上猎物，只得在冰面上狩猎。因此，在没有浮冰的夏天，它们基本捕不到猎物，体重锐减将近一半。北极熊是地球上最希望冬天到来的动物。它们在冰面上活力十足，能发挥出惊人的实力。

预测　气温越低，状态越好，起跑问题待改进

北极熊是陆地上体形最大的食肉动物，它们的力量和暴脾气都是顶级的。气温低，它们就越有活力，零下40℃对它们来说只是"挺凉快"。每到季节更替、气温骤然升到0℃左右时，它们甚至有中暑的危险。

北极熊的脚掌上也有毛，在冰上快速跑动时不会打滑。另外，北极熊在冰上捕食时，能在海豹的呼吸洞旁埋伏半日，这有助于锻炼它们起跑时的专注力。不过，它们因着急出手而错失捕猎时机的情况也很多。

主要参赛选手

△	▲	○	◎
驯鹿	北极狐	海豹	北极熊

冬季项目

结果　用力过猛的最后冲刺！

冲啊冲啊冲啊冲啊　谁也逃脱不了我的冰上追击！

啊——

让我们来看一看，北极熊选手会赶超海豹选手吗？

那家伙消失了？！

咦？！

到达终点

海豹完美逃脱，获胜！

……

冰面被压裂了

铜	银	金
驯鹿	北极狐	海豹

北极熊选手的体重有点超标了。

坚持不懈的海豹选手赢得了胜利。

奥运会纪录是多少？ 2018年，斯文·克拉默（荷兰），6分09秒76（男子5000米）。

163

冬季项目 | **比赛项目** | # 短道速滑
Winter Games | Short Track Speed Skating

4~8名运动员在周长111.12米的跑道上同时竞争。

凶残程度宇宙第一？
以迅雷之势甩掉对手！

你的是我的，我的还是我的！

为夺胜利不择手段！

貂熊

焦点选手

选手档案

速　　度 ■■■■■
毅　　力 ■■■□□
加　　速 ■■■■□
体　　力 ■■■□□
强壮程度 ■■■■■

出生地	俄罗斯
饮食习惯	常吃肉
性格分析	死不认错

转弯技巧是决定这项比赛胜负的关键。根据惯性法则，身材高大的运动员通常占劣势。于是大家的关注聚焦到来自俄罗斯的貂熊上。它们是鼬家族的成员，英文名叫"wolverine"。**貂熊身材短小却很凶悍，和狼、熊等动物打斗时不相上下，甚至能战胜对手**。它们遇到比自己体形大的动物也毫不畏惧，敢于发起挑战，有时还会从对方嘴里抢夺食物，可见貂熊的心理素质非常强大。

业内访谈

貂熊：

我能在 1 米厚的雪地上以每小时 40 千米的速度奔跑，而且不会陷下去。每天跑 45 千米对我来说是小意思。爬树、游泳也是我的拿手好戏。你问我领地有多大？差不多 500 平方千米吧！我经常抢狼和熊的猎物呢。

小知识
貂熊的寄语

感谢大家一直以来的支持。我很重视吃饭的时间，所以不用给我送花、写信，送食物就好。我爱吃鸟、蛋、兔子、所有啮齿类动物、河狸、山羊、绵羊、驯鹿、狍、驼鹿、蛇、蜥蜴、鱼、昆虫、水果、坚果。大骨头和硬邦邦的冷冻食品，我也能直接吃，不用解冻。请大家多多关照！

训练场景

貂熊在雪地上训练也很卖力呢。

它不管见到谁都去招惹。大家怕惹麻烦，都躲得远远的。

哇哈哈哈哈哈哈

貂熊在雪地训练（觅食）。熊和狐狸只能躲在远处观望。

冬季项目

预测　貂熊的攻击性是比赛中的隐患

短道速滑比赛中,转弯时的速度很快,需要手扶着冰面,因此,参加这项比赛的人类运动员都会戴着指尖粘有坚硬指扣的特制手套。**貂熊有长而结实的利爪,平时用作捕猎的武器**,比赛中想必也能用得上。

不仅如此,貂熊选手身体强壮且灵活,重心低,不容易摔倒。它的四肢完全适应雪地上的行走,体力惊人,能连续在雪地上奔跑 15 千米不休息。

貂熊选手还是一位战术家,在袭击比自己体形大的猎物时,会分析路线,**从树上跳下来,攻击猎物的要害部位**。因此,比赛中令人担心的是,它在转弯时,有可能不按规则超越对手,而是从后方攻击其他选手。

主要参赛选手

◎貂熊
○旅鼠
▲麝牛
△北极狐

我身体太沉了,转弯成问题。

麝牛

貂熊

我会在赛跑时随机应变!

谁要敢滑到我前面,我就让他好看!

旅鼠

北极狐

逃避天敌北极狐的追捕是我的首要任务。

结果 — 爪子的新用途

铜	银	金
北极狐	旅鼠	貂熊

冬季项目

喂！你挡道了！给我让开！

唰

甩掉　甩掉

进入最后一圈了！

嚓嚓嚓嚓嚓嚓嚓嚓嚓

咱们变成刨冰了？

好冷啊

我说，它那样是犯规吧？

嘻嘻嘻

抵达终点！貂熊获得冠军！

动物小剧场

个头虽小不好惹，狐狸见了都要躲。来点刨冰消消火，比赛冠军让给我。

奥运会纪录是多少？ 2018年，武大靖（中国），39秒584（男子500米）。短道速滑赛道中弯道多，选手容易摔倒，赛况瞬息万变，比赛结束前谁也不知道结果如何，是一项惊险刺激的比赛。

冰球

冬季项目 | **比赛项目**

Winter Games | Ice Hockey

两队运动员在设有界墙的冰场上,用球杆争夺球,将球击入对方球门得分。

焦点选手

智慧、进取心、凝聚力兼备的超级运动员团队!

冠军舍我其谁?

> 既然赢,就要赢得有意思!

虎鲸

选手档案

力量	■■■■■
移动	■■■■■
智慧	■■■■■
毅力	■■■□□
体力	■■■□□

- **出生地**:加拿大
- **饮食习惯**:常吃鱼、海豹
- **性格分析**:和善的调皮小子

在冰球比赛中,攻防转换频繁,团队能否预想到一切情况并随机应变,是决定胜负的关键因素。有望在这项比赛中取得好成绩的是虎鲸队。拥有动物界顶尖智商的它们很爱玩,能根据敌人的行动将计就计,以偷袭为乐。同时,它们也有认真的一面,进取心强,训练很积极。**虎鲸团队成员之间情谊深厚,会以默契的配合解决一个个难题,是当之无愧的超级运动员团队。**

预测 看似完美无瑕,其实抗压能力差

冰球对换人次数没有限制,比赛中可随意换人,因此换人的时机会左右赛况。虎鲸团队狩猎前会根据成员的年龄、经验、体力安排行动,即使各位成员有缺陷,也会在团队的协助下发挥出强项。虎鲸还会"浮窥"——从水面探出头窥探周围的情况。它们的这种情报收集能力很强,在动物界首屈一指。不过,虎鲸的心理素质较差,遇到伤心事时会非常消沉。

主要参赛选手

△	▲	○	◎
竹节虫	新喀鸦	座头鲸	虎鲸

结果 失恋进行时

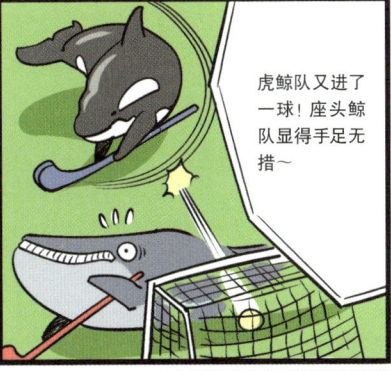

铜	银	金
新喀鸦	座头鲸	虎鲸

哈哈哈哈哈

虎鲸选手的状态非常好,根本看不出昨天刚失恋了!

虎鲸队又进了一球!座头鲸队显得手足无措~

虎鲸队一度形势不利,在换人后恢复了状态。

内心还是那么脆弱啊!

反正,我这样的动物……

沮丧

咦?虎鲸选手趴在地上不动了……

变更为稳健作战后,虎鲸队的发挥好了很多。

冬季项目

了解这项比赛的更多知识! 进攻和防守的转换瞬息万变,是一项惊险激烈、引人入胜的比赛。

冬季项目 | 比赛项目 | # 冰壶

Winter Games | Curling

每队4名队员，在约45米长的冰道上溜冰壶，根据冰壶距离营垒圆心的远近评定胜负。

在冰上自如滑行，灵巧地操纵冰壶！

应该再往右一点吧。

好的！

力争首枚奖牌！

焦点选手

海狗

选手档案

- 移　动 ▰▰▰▰▱
- 毅　力 ▰▰▰▰▱
- 灵巧度 ▰▰▰▰▱
- 体　力 ▰▰▰▰▱
- 合作度 ▰▰▰▰▰

出生地	新西兰
饮食习惯	常吃鱼、鱿鱼、螃蟹
性格分析	消息灵通

在冰壶比赛中，选手需要仔细观察冰面的状态，自己也要和冰壶一起移动。比赛的焦点非海狗选手莫属。它们在水下的优秀运动能力自不必说，在冰面上也能把运动天赋发挥得淋漓尽致。海狗虽然不能像陆地动物那样奔跑，但可以肚皮贴地，灵活地用鳍状肢移动。尤其在冰面上可以高速滑行50米左右，还能随时"急刹车"。

预测 团队合作能力强，训练热情也很高

海狗智商高，爱玩耍，凡事都能乐在其中。刚出生的海狗宝宝不会游泳，由以父母为首的成年海狗向它们传授游泳技能，可见**群体内的团队合作也很好**。海狗嗓门大，又爱聊天，沟通能力也很强。

在水族馆的表演中，海狗还表现出很高的训练热情和进取心。上台表演前的漫长训练过程中，它们很享受团队一起吃丁香鱼的"零食时间"。

主要参赛选手

△	▲	○	◎
南海狮	海象	海狗	象海豹

结果 替身术秘技

唰
干什么呢！
犯规！
进圆心了！海狗队反败为胜！
现在，海狗队掷出了第8只冰壶。
轨道不错
哇 哇
冒头
擦擦！ 擦擦！
咚

铜	银	金
海狗	海象	象海豹

因为队员伪装成冰壶，海狗队被取消比赛资格，止步半决赛。

它们在季军争夺战中获胜，拿到了铜牌！

冬季项目

了解这项比赛的更多知识！ 运动员可以用冰壶弹开对手的冰壶，也可以利用对手的冰壶进入有利位置。

171

| 冬季项目 | 比赛项目 | # 越野滑雪

Winter Games | Cross Country Skiing

在最长50千米的长距离雪道上滑行。起源于北欧，是最古老的运动项目之一。

凭借周密的战术和亲情夺取胜利！

焦点选手

为了家人，我豁出去了！

战略万无一失，力争奖牌！

赤狐

选手档案

移 动	■■■■	毅 力	■■■■
灵巧度	■■■■■	体 力	■■■■
战 术	■■■■■		

出生地	俄罗斯
饮食习惯	常吃老鼠、小鸟
性格分析	做事太拼命

起跑时的抢位，滑行中的制胜战术，以及体力和毅力都是决定成败的关键。这项比赛的焦点选手是赤狐。它们在犬科动物中算是小个子，不像狼那样集群生活，捕猎时像猫一样单独行动。它们平日里会对自然环境进行细致入微的侦查，在大脑中形成自己的地图，甚至对地形的细节和树木的形状都了如指掌。赤狐对天气和周边情况的变化也很敏感，会随时准备好 B 计划，力求万无一失。

预测 细致观察雪道，制订最优策略

赤狐是战术家，不喜欢把能量消耗在无用的事情上。它们不会没头没脑地穷追猎物，而是**一边通过观察脚印等方式追踪，一边思考战术**。它们也很擅长调查。有的赤狐生活在冬季下雪的寒冷地区，老鼠在雪下几十厘米处发出的细微动静也逃不过赤狐敏锐的听觉。

赤狐夫妻感情深厚，疼爱孩子，所以拖家带口的雄性赤狐做事特别拼，甚至有赤狐因超负荷捕猎突发心脏病死亡的情况。

主要参赛选手
△ 帝企鹅　▲ 野牛　○ 貂　◎ 赤狐

冬季项目

结果 雪上跳水

啊！

嗯……赤狐选手看起来有点疲惫。

加油

哇 哇

现在两名选手即将到达终点，不过……

噢噢噢噢噢！！！

嗯！

议论纷纷

看来它只是发现了猎物。

切，逃掉了吗……

赤狐突然一跃而起，跳过了终点！

铜	银	金
野牛	貂	赤狐

赤狐选手跳得好高！

它好像发现雪地下面有只老鼠！

了解这项比赛的更多知识！ 运动员在山丘雪原的赛道上反复上下坡，根据地形选择不同的滑行或登行技术，参赛选手之间的竞争非常激烈。

| 冬季项目 | 比赛项目 | # 跳台滑雪

Winter Games | Ski Jumping

发源于北欧的滑雪运动。从起滑台起滑，在助滑道上获得高速度后于跳台飞出，按照飞跃距离排名。

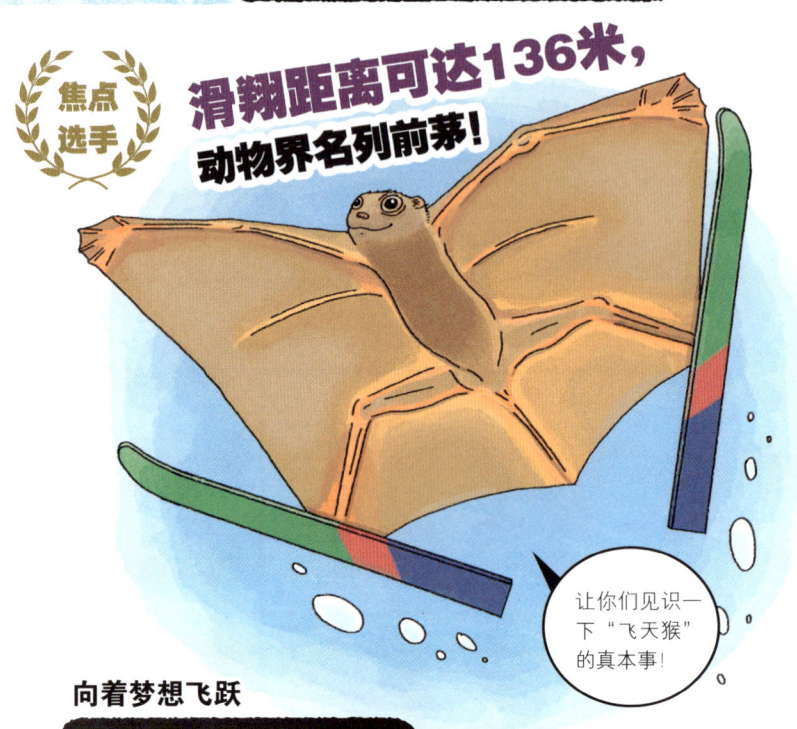

焦点选手

滑翔距离可达136米，动物界名列前茅！

让你们见识一下"飞天猴"的真本事！

向着梦想飞跃

鼯猴

选手档案

滑翔	■■■■■	毅力	■■■■■
移动	■■■	体力	■■■■
着陆	■■■		

- **出生地**：菲律宾
- **饮食习惯**：素食主义者
- **性格分析**：闷葫芦

这项比赛起源于比试胆量的滑雪游戏，后来随着现代运动科学的迅速发展，人们基于空气动力学对飞跃姿势进行计算与模拟，开发出滑雪服的新款式和材料，使跳跃距离逐渐增加。如今，称其为"飞行"反倒显得更加贴切。这个项目中备受关注的选手是来自东南亚的鼯猴。希望生活在赤道地区的它们在这个冬季项目中发挥出自己的实力。

独家曝光！私生活篇

世界各地的动物园基本没有饲养过鼯猴，研究它们的学者也很少。下面带来有关这位神秘选手的独家爆料。

记者：

> 鼯猴应该是动物界最胆小的动物之一了。它们主要在夜间活动，白天伪装成树皮。听说它们在哺育后代期间，会用皮膜把身体裹成椰子状，倒挂在树上。

曝光！美食篇

鼯猴经常吃嫩叶子。为了找到营养可口的嫩叶，它们养成了向高处跳跃的习惯。鼯猴最爱吃树液和果汁。它们的下门牙带有缝隙，形状就像梳子一样，用来过滤出树液喝。鼯猴宝宝会吃母亲的大便，目的是从母亲那里得到分解植物所需的细菌。

训练场景

鼯猴平时很少下地，比赛中能否顺利着陆是个问题。

它们生活在热带地区，不知道能否在寒冷地区发挥出实力。

森林里，鼯猴正穿梭在树木间高速滑翔，寻找嫩叶和果实。

预测 以超群的滑翔能力为傲,能否顺利着陆成问题

皮翼目的鼯猴是一种谜团重重的"飞天猴"。它的滑翔原理和啮齿类的大飞鼠、鼯鼠不同,主要有两个区别:一是鼯猴**扇动尾部的飞膜可以提供"推动力"**;二是鼯猴**头部和手臂间的飞膜可以产生"升力"**。也就是说,鼯猴比大飞鼠和鼯鼠**飞得更快、更远**。

鼯猴最远的滑翔纪录是 136 米,这一距离远远超过了大跳台的 K 点。而它面临的问题是着陆。鼯猴在平时的生活中几乎不下地,它在完成泰勒马克式[1]着陆动作时可能会失误并被扣分。

---

1. 滑雪初创期的代表性滑降旋转技术。滑雪板前后错开,以深深弯曲膝盖为基本姿势,现在用于跳跃的落地姿势等。名称来自挪威的地名。

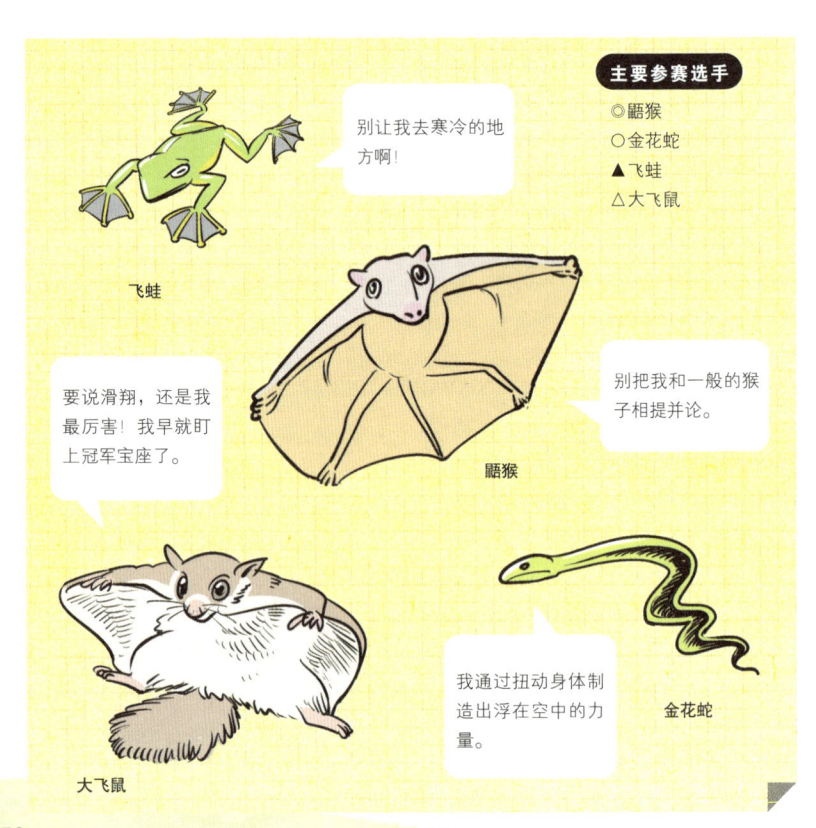

主要参赛选手
◎鼯猴
○金花蛇
▲飞蛙
△大飞鼠

别让我去寒冷的地方啊!

飞蛙

别把我和一般的猴子相提并论。

鼯猴

要说滑翔,还是我最厉害!我早就盯上冠军宝座了。

我通过扭动身体制造出浮在空中的力量。

大飞鼠

金花蛇

结果 **不靠谱的竞争对手**

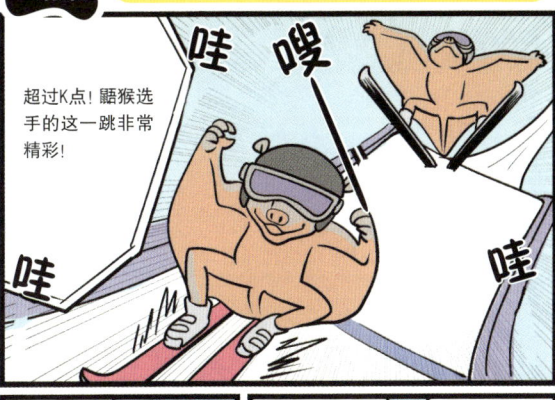

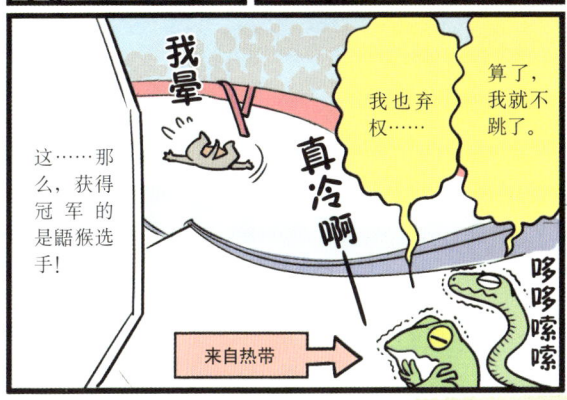

铜	银	金
鼯鼠	大飞鼠	鼯猴

冬季项目

超过K点！鼯猴选手的这一跳非常精彩！

哇 嗖 哇 哇

让我看看，你们准备怎么应战？金花蛇老弟！飞蛙老弟！

不，现在说这话还为时尚早。我的对手们还没出场呢！

跳得漂亮！冠军非你莫属了！

我晕

这……那么，获得冠军的是鼯猴选手！

我也弃权……

算了，我就不跳了。

真冷啊

哆哆嗦嗦

来自热带

动物小剧场

金牌诚可贵，勇气价更高。若为温暖故，两者皆可抛。

了解这项比赛的更多知识！ 标准台、大型台以及大型台团体为冬奥会项目。

冬季项目 | 比赛项目 | # 高山滑雪
Winter Games | Alpine Skiing

起源于欧洲的阿尔卑斯地区，又称阿尔卑斯滑雪。线路上设有旗门，未从旗门中穿过会失去比赛资格。

凭借时速70千米的急速下滑和急转弯，力争演绎最精彩的滑行！

焦点选手

> 把逃跑技术运用到比赛中，冠军宝座就是我的了！

夺取滑雪的制高点！

雪兔

选手档案

滑雪	★★★★★	毅力	★★★☆☆
速度	★★★★★	体力	★★★★☆
转弯	★★★★★		

- **出生地**：俄罗斯
- **饮食习惯**：素食主义者
- **性格分析**：活泼开朗，喜欢独自玩耍

高山滑雪比赛中，运动员在由坡度 0～40 度的斜坡组成的线路上，综合运用转弯、直滑降[1]等技术比拼速度。在竞速类项目中的时速超过 100 千米，一旦摔倒，有可能受重伤。大家关注的焦点选手是来自北方地区的雪兔，每到下雪季节，它们的毛色会变得雪白。它们不仅后腿弹跳力强，还有着像滑雪板一样与地面接触面积较大的脚掌，这使它们能在雪地上自由活动，不会陷进雪中。

---
1. 高山滑雪的一种滑降技术，是指双板平行，沿滚落线直线下滑的技术。

预测 特制滑雪服和超群的运动能力是两大武器

雪兔的滑雪服，也就是它们的毛，轻盈柔软，运动性能优异，而且保温效果好，让肌肉在严寒地区不会因低温而收缩。不仅如此，剧烈运动导致体温骤升时，雪兔还可以**用长耳朵释放热量，避免中暑**。最出众的要数它们惊人的加速能力。状态好时，它们**在雪地上也能轻松跑出50千米的时速，急转弯也不在话下**。不过，它们逃跑时习惯往斜坡上爬，而不是往坡下跑。

主要参赛选手

△	▲	○	◎
北极狐	臆羚	伶鼬	雪兔

结果 教练的秘密武器

帮手？是谁啊？教练？

今天我给你找了个特别靠谱的帮手。

扑棱

哇啊啊啊啊啊

雪兔的速度太快了！

这哪里是帮手啊！这是天敌嘛！

铜	银	金
臆羚	伶鼬	雪兔

这一招太妙了，最大限度地激发出了雪兔的潜力。

它以绝对的优势获得了第一名！

了解这项比赛的更多知识！ 高山滑雪包含多次小转弯的"回转"，转弯速度略快的"大回转"，急速转弯的"超级大回转"，以及比拼速度的"滑降"等小项。这几个小项的旗门数量依次减少，滑行坡度递增。

单板滑雪

冬季项目 | **比赛项目**

Winter Games | Snowboard

单板滑雪源于20世纪60年代中期的美国，其产生与滑板和冲浪运动有关。

纯白的雪地上，一袭黑衣上演精彩瞬间！

焦点选手

> 我看到雪就莫名的激动！

酷爱雪上生活

冬石蝇

选手档案

滑行	■■■■■	毅力	■■■■■
技巧	■■■■■	体力	■■■■■
耐热性	■■■■■		

- **出生地**：日本
- **饮食习惯**：常吃雪中的微生物
- **性格分析**：朴实

单板滑雪的运动员不仅要具备运动天赋，还要热爱雪山，熟知雪山的地形。除此之外，穿衣品位也不能被其他选手比下去。于是，比赛的焦点选手是冬石蝇。一袭黑衣的冬石蝇在纯白色的雪地背景下，十分醒目。它们在2～3月的严冬里精力充沛地跑来跑去，应该喜欢冬季运动。

预测 雪山上无敌手，怕热是短板

冬石蝇酷爱积雪的山脉和溪谷，却出生在河里。它们是水生昆虫，**幼年期间生活在河里，12月成年后，开始攀登冬季的高山**。对运动员来说，这是最艰苦的训练方式了。

冬石蝇没有翅膀，身体柔韧易弯曲，U 型场地的高难度翻滚动作 Double Cork 1440（空中转体四周同时空翻两周）也不在话下。不过，它们只能在 **−10℃～10℃的环境中活动**，超过这个温度范围就会昏厥。

主要参赛选手
△ 鼩鼱　▲ 岩雷鸟　○ 鼠兔　◎ 冬石蝇

冬季项目

结果　　热情握手

铜	银	金
岩雷鸟	鼠兔	冬石蝇

凭借零失误的完美表现拿下金牌！

冬石蝇选手腾空而起，一个华丽的翻转！

耶！

伸手　哟！

你滑雪的样子太热血了！

紧握

冬石蝇选手好像在领奖台上昏过去了。

体温达到20℃就会死亡。

昏厥

啊？怎么回事，我有那么烫吗？！

快叫医生！

了解这项比赛的更多知识！ 奥运会的单板滑雪比赛下设U型场地技巧、平行大回转、障碍追逐、坡面障碍技巧、大跳台等项目。

181

冬季项目 | 比赛项目
钢架雪车/雪橇/雪车
Winter Games | Skeleton/Luge/Bobsleigh

乘着雪车或雪橇在带坡度的冰道上滑行,起源于瑞士。

别看我走得慢,趴在地上立刻超高速滑行!

焦点选手

给孩子们送饭去咯!

望尘莫及的"高速特快"

帝企鹅

选手档案

- 滑　　行：■■■■■
- 毅　　力：■■□□□
- 速　　度：■■■■■
- 体　　力：■■■□□
- 强壮程度：■■■□□

出生地	南极
饮食习惯	常吃鱼
性格分析	身怀绝技而不自知

涉及雪橇的比赛需要选手擅长冰上运动,还要有推动雪橇的力气。受关注的焦点选手是帝企鹅。企鹅常被认为是腿很短的动物,其实它们的腿一点也不短,只是屈起来藏在身体下面了(虽然一辈子也不伸直)。帝企鹅脚上长有利爪,能勾住冰面,稳稳地站在冰上。它们的翅膀硬如铁板,比赛时应该可以用来推雪橇,使滑冰速度加快。

预测 雪橇操控拿手，体重是胜负的决定因素

在这项比赛中，体重越重，滑行速度越快，也就更有优势。帝企鹅是**现存企鹅中体形最大的成员**，全长最大可达 120 厘米，体重可达 45 千克。它们的行走速度很慢，**移动时用腹部贴在冰面上滑行**。这个动作和乘雪橇时移动重心的方法有相同之处，因此可以认为帝企鹅在平时的生活中就有着足够的训练。

冬季大赛期间，为了带孩子（孵卵）坚持了两个多月不吃不喝的雄性帝企鹅暴瘦，去远洋觅食了，恐怕无法参加比赛。

主要参赛选手
△ 野牛　▲ 麝牛　○ 象海豹　◎ 帝企鹅

冬季项目

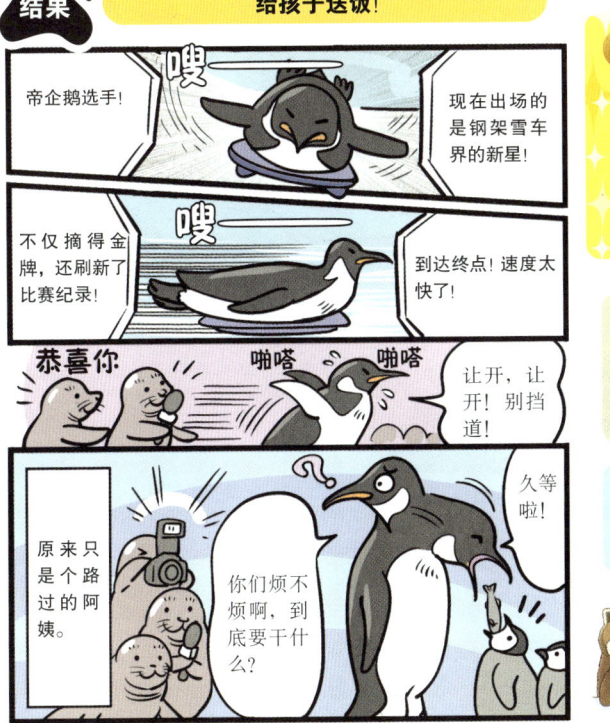

结果 给孩子送饭！

帝企鹅选手！
嗖
现在出场的是钢架雪车界的新星！

不仅摘得金牌，还刷新了比赛纪录！
嗖
到达终点！速度太快了！

恭喜你
啪嗒 啪嗒
让开，让开！别挡道！

原来只是个路过的阿姨。
久等啦！
你们烦不烦啊，到底要干什么？

铜	银	金
麝牛	象海豹	帝企鹅

堆积在肚子里的鱼的重量加快了滑行的速度。

给孩子送饭、顺便参赛的帝企鹅选手获得了金牌。

了解这项比赛的更多知识！ 钢架雪车、雪橇和雪车除了外形不同外，还有很多区别。比如，钢架雪车是一名运动员俯卧在雪车上，雪橇是一或两名运动员仰卧在雪橇上，雪车则是两名或四名运动员乘坐在雪车上。

| 冬季项目 | 比赛项目 | # 冬季两项

Winter Games | Biathlon

将越野滑雪和射击组合在一起的比赛。由远古时代的滑雪狩猎演变而来。

不放跑一只猎物，靠执着和体力挑战自我！

> 我最喜欢瞄准猎物了，肚子不饿的时候也是……

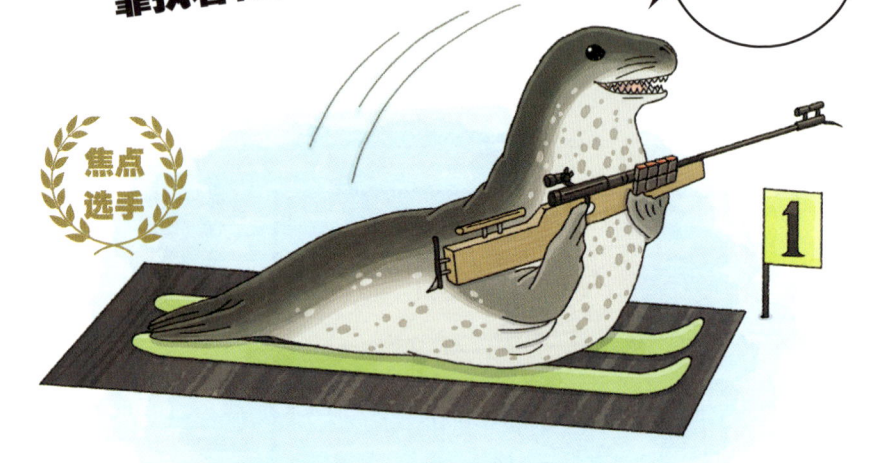

焦点选手

顶级捕猎天赋

豹海豹

选手档案

滑雪	执着
射击	体力
强壮程度	

- **出生地**：南极
- **饮食习惯**：常吃肉
- **性格分析**：见谁都纠缠不休

这项比赛使用枪、滑雪板等文明的产物，却需要选手具备判断自然环境、射中猎物的本能，是最考验动物野性的雪上比赛。其中，射击是讲究细节的运动，呼吸方法很重要，选手自身的心跳和脉搏都可能导致射偏。这个项目中被看好的选手是豹海豹。海豹家族的成员大多性情温和，豹海豹则是例外。**它们是冷酷无情的猎手，被称作"食人海豹"。**

预测 水陆行动自如的一流狙击手

豹海豹是**体形最大的南极海豹**，喜欢单独行动，游泳本领极强。它们的大嘴像怪兽"哥斯拉"一样，不管是海豹还是企鹅，什么都能吞下。集中注意力看穿敌人弱点的模样俨然一名一流的狙击手。

普通海豹不擅长在陆地上行走，豹海豹是个例外。它们**在陆地上的耐力和运动能力很强**，记录显示，有南极科学考察队曾经被它们追着走了很长一段距离。不过，它们的问题是容易厌烦，情绪波动大。

主要参赛选手

△	▲	○	◎
赤狐	胡狼	雪豹	豹海豹

结果 擅自玩起"大逃杀"

铜	银	金
赤狐	胡狼	雪豹

豹海豹擅自狩猎，失去了参赛资格。

说不定是它比赛时肚子饿了。

了解这项比赛的更多知识！ 包括短距离赛（男子10千米、女子7.5千米）、个人赛（男子20千米、女子15千米）、追逐赛、混合接力等项目，滑雪前进的同时，还要以卧姿和立姿射击。

冬季项目

动物专栏　　　　　　　　　　　　　　　　　　　　　　　　　　Animal Column

动物残奥会

动物界也有很多身体残疾但顽强生活的成员。它们是怎样在严酷的大自然中生活的呢？

野生动物中也有身体残疾的个体

野生动物中也有身体残疾的个体吗？当然有。导致残疾的因素有很多，有的是患有先天疾病，有的是从悬崖上失足跌落受伤，有的则是遭天敌袭击时受重伤而落下了残疾。

在现实中，我们有时会在山里遇到少了一条腿的野猪或者独眼的鹿。本以为这些动物很难在残酷的自然界生存下来，谁知它们尽管身处劣势，却和其他同伴一样顽强地活着。

野猪

看起来健康，其实掩藏着伤病

动物园里的动物寿终正寝后，人们会解剖它们的身体，进行各种研究。于是，人们有时会在看似健康的动物身上发现很多伤病的痕迹。动物擅于掩饰自己的弱点，不让敌人、竞争对手或是家人发现。这样的事例比比皆是，人们也经常被它们的坚强所打动。

这种不放弃的精神或许是我们正逐渐淡忘的一种非常宝贵的精神。即便身体上有缺陷，动物也会想办法保护自己，独自觅食，尽全力顽强地活下去。

群体内相互帮助的野生动物

生来没有胳膊的日本猕猴、脊椎弯曲呈直角状的虎鲸、被鳄鱼吃掉鼻子的非洲象……在大自然中，人们发现过很多身体残疾却顺利长大的野生动物。

残疾动物要想在群体中生存下去，少不了自身的努力，但同时，同伴们对其身体劣势表现出的宽容和帮助也至关重要。想一想，你也能够像这些野生动物一样，为照顾一个同伴而放慢自己的脚步吗？

其实，我们可以在人类的体育世界中找到答案。体育运动虽然带有竞争色彩，却也蕴含着使选手间的友谊更加深厚的神奇力量。近年来，人们发现体育运动还能促进残障人士的彼此认同和相互理解。我觉得，严酷与温柔并存的体育运动和野生动物之间的包容性有着共通之处。

> 在群体中生活有很多不容易的地方，但也有它的好处。

叉角羚

大熊猫

> 我们的口号是不急不躁，不争不抢。

> 我的动作很慢，但是一天只要吃一两片树叶就够了，很环保吧。

> 我的武器是可爱的外表。你们看到我就想喂我吃东西，对不对？动物的厉害之处体现在各种各样的地方呢。

187

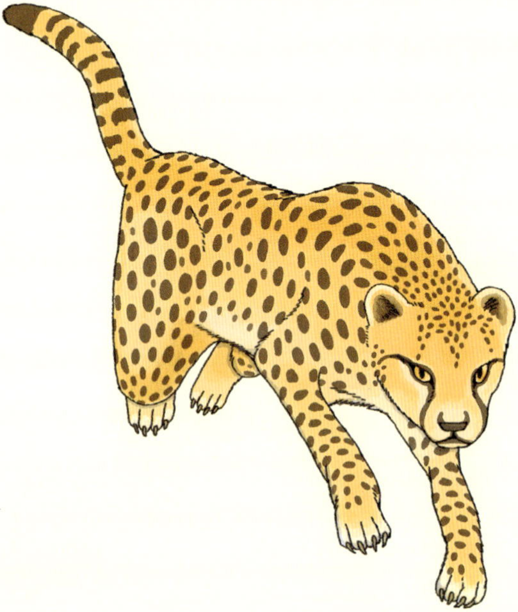

图书在版编目（CIP）数据

动物真疯狂 /（日）新宅广二著；（日）池龟忍，（日）石田公绘；程雨枫译. -- 南京：江苏凤凰少年儿童出版社，2022.1
 ISBN 978-7-5584-2479-3

Ⅰ.①动… Ⅱ.①新… ②池… ③石… ④程… Ⅲ.①动物-青少年读物 Ⅳ.①Q95-49

中国版本图书馆CIP数据核字(2021)第196500号

著作权合同登记图字：10-2020-171

SUGOIZE!! DOUBUTSU SPORTS SENSHUKEN
Copyright © 2018 by KOUJI SHINTAKU
© TATSUMI PUBLISHING CO., LTD. 2018
Originally published in Japan in 2018 by TATSUMI PUBLISHING CO., LTD., Tokyo.
Simplified Chinese translation rights arranged through DAIKOUSHA INC., JAPAN
All rights reserved.

书　　名 动物真疯狂
DONGWU ZHEN FENGKUANG

著　　者 [日]新宅广二
绘　　者 [日]池龟忍　[日]石田公
译　　者 程雨枫
责任编辑 瞿清源　秦显伟　张　文
助理编辑 朱其娣
特约编辑 侯明明　郑钰晓
美术编辑 李照祥
内文制作 王春雪
责任校对 陈艳梅
出版发行 江苏凤凰少年儿童出版社
地　　址 南京市湖南路1号A楼，邮编：210009
印　　刷 天津图文方嘉印刷有限公司
开　　本 787毫米×1092毫米　1/32
印　　张 6
版　　次 2022年1月第1版
印　　次 2022年1月第1次印刷
书　　号 ISBN 978-7-5584-2479-3
定　　价 49.00元

（版权所有，侵权必究；如有印装质量问题，请发邮件至 zhiliang@readinglife.com）